STRANGERS TO OURSELVES

最熟悉的陌生人

自我认知和潜能发现之旅

〔美〕提摩西·威尔逊 （Timothy D.Wilson） 著

段鑫星 武瑞芳 范韶维 译 张新立 审校

人民邮电出版社

北京

图书在版编目（CIP）数据

最熟悉的陌生人：自我认知和潜能发现之旅 /（美）
威尔逊（Wilson,T.D.）著；段鑫星，武瑞芳，范韶维译
-- 北京：人民邮电出版社，2014.1
ISBN 978-7-115-34163-1

Ⅰ. ①最⋯ Ⅱ. ①威⋯ ②段⋯ ③武⋯ ④范⋯ Ⅲ.
①下意识—研究 Ⅳ. ①B842.7

中国版本图书馆CIP数据核字（2013）第306913号

内 容 提 要

"认识你自己"虽是一个老生常谈的话题，但如今依然有用。内省是了解自我的最佳途径吗？我们费尽心力，究竟想发现什么？正如现代心理学重新定义的那样，在颇具启发性的潜意识之旅，提摩西·威尔逊向我们展示了一个由判断、感觉和动机构成的潜藏的内心世界。

我们为何不了解自己——我们的潜能、感觉或动机？因为我们建构了一个脱离适应性潜意识的、似是而非的自我叙事。威尔逊指出，如果我们想知道自己是谁、自己的感觉如何，可以关注一下我们正在做什么以及他人对自己的评价。

《最熟悉的陌生人》展示给我们的是一种比弗洛伊德式潜意识更强有力、在我们的日常生活中更普遍化的潜意识，并据此对了解自我的方式进行了创新性思考。阅读本书，我们不但能更深刻地理解自我之谜，还能借助实用的心理学方法开发自我的无限潜能，从而在不同的社会角色和身份之间找到平衡，成就理想的自我。

- ◆ 著　　　　【美】提摩西·威尔逊（Timothy D. Wilson）
-   译　　　　段鑫星　武瑞芳　范韶维
-   审　校　　张新立
-   责任编辑　姜珊
-   执行编辑　郭光森
-   责任印制　杨林杰

- ◆ 人民邮电出版社出版发行　　北京市丰台区成寿寺路 11 号
-   邮编　100164　电子邮件　315@ptpress.com.cn
-   网址　http://www.ptpress.com.cn
-   大厂回族自治县聚鑫印刷有限责任公司印刷

- ◆ 开本：700×1000　1/16
-   印张：14　　　　　　　　2014 年 1 月第 1 版
-   字数：160 千字　　　　　2025 年 6 月河北第 37 次印刷
-   著作权合同登记号　图字：01-2012-4598 号

定价：45.00 元

读者服务热线：(010)81055656　印装质量热线：(010)81055316
反盗版热线：(010)81055315

译者序

亲爱的读者朋友们，你们是否与我一样，经常对生活中的一些经历感到好奇：

为什么我们第一次来到某个地方，却有一种似曾相识的感觉？

为什么我们明明不喜欢一个人，却会在某种情况下不自觉地赞美他？

为什么我们在时间紧迫之时，可以同时熟练地做几件不同的事而不出错？

为什么跟某人初次见面之前，因为听说他人对此人的看法而影响我们的判断？

为什么早年的创伤性经历会随着时间流逝被彻底遗忘，而我们却恢复得比预想中要快？

这些都与我们内在的潜意识有关。

弗洛伊德创造性地提出的人的意识结构理论，给 20 世纪的人类生活留下了不可磨灭的印记。今天，几乎所有喜欢心理学的读者都对这一理论有些了解，因为弗洛伊德开辟了认识自我的新视角——潜意识，并且就意识和潜意识进行了深刻的论述。

本书作者威尔逊博士沿着弗洛伊德的脚印继续探讨，提出了一个革命性的

概念：适应性潜意识。与弗洛伊德的经典理论不同，威尔逊博士认为，适应性潜意识是为了更好地适应生活，而非压抑的结果。他在本书中揭示了弗洛伊德式潜意识理论的短见，指出了适应性潜意识对人类生活与自我认知的重大意义。他认为适应性潜意识可以帮助我们在意识与潜意识之间求得平衡，其实质是帮助我们在现实世界中生活得更好。从这个理论出发，威尔逊博士认为，与人类心灵有关的判断、感受（感情）、动机等，都发生在意识之外，其发生机制是因为效率而非压抑。

简单来说，适应性潜意识能够机动性地分解我们每天遇到的人和经历的事，处理我们获得的令人眼花缭乱的各种信息，以积累保护我们自身的经验，从而帮助我们更好地体察自我和更有效率地生活。

不过，我们怎么做才能更好地体察自我呢？我们真的那么容易了解自己吗？

瑞士哲学家亨利·弗里德里克·阿米尔曾经说过，我们最大的幻觉就是，相信自己就是我们所认为的那个人。

很多时候，人们根本无法了解自己为何会如此反应，也无法确定自我觉察中的那个人是否就是我们潜意识层面确实存在的真实的自己。

那么，是什么让我们的自我觉察变得如此困难？

我们究竟该如何觉察自我和掌握事情的来龙去脉？

我们对他人和世界的习惯性认知是科学和正确的吗？

如果答案是否定的，我们怎么才能获得科学和正确的认知呢？

为了了解自我的真实感觉和认识真正的自己，我们到底能做什么呢？

不过不用担心，上述种种疑惑都能在威尔逊博士的书中找到答案。本书将帮你重新审视自己的潜意识层面，认识和理解适应性潜意识对人格塑造、情绪反应、意志动机等方面的重要影响，以帮助你更深入地了解自我、更自在地掌控生活。

　　在团队开始翻译工作的第十个年头，我们负责翻译的人民邮电出版社的第六本书即将面市。这对我们团队来说是极大的幸运与幸福。在翻译的过程中，团队成员大大拓展了学术视野，提升了专业技能，获得了可喜的成长与进步！

　　我要感谢担任本书主译的武瑞芳、范韶维，还有鹿欣纯、张申申、李洁、于淼、白娇健等参译人员，是大家的齐心合力使本书的翻译工作趋近精致和完美。

　　感谢多年的挚友、翻译的领路人张新立教授。本书涉及的专业领域之艰深，词汇、典故之多，在我以往的译著中绝无仅有。张新立教授深厚的英文修养在业内人人皆晓，他放下繁重的案头工作，统篇阅读并将错译、误译的语句一一指出，这份对翻译的专注及对心理学的热爱令我肃然起敬。

　　还要感谢人民邮电出版社的王楠楠编辑，正是由于她的引荐，我们才有缘接触本书并将其译出！感谢姜珊编辑认真尽责的工作，使本书以完美的样子呈现在读者朋友面前！感谢郭光森编辑高效细致的编辑加工，使本书在更快的时间内与读者朋友们见面！

　　"予人玫瑰，手有余香"。期待所有读到此书的朋友，都能专注倾听自己内心的真实声音，走上自我认知和潜能发现之旅，循着书中传授的方法和诀窍，更好地了解自我、发展自我和成就自我。

　　认识自我的路，是一条生命修行之路，期待本书能帮助所有读者重新发现自我，发现生命的美丽和人生的意义。

英文版前言

　　自我认知似乎是心理学的核心论题。在某种意义上来说，这倒也不无道理，因为自弗洛伊德（Freud）之后的心理学家们，都对人们的自我认知程度、自我知识的限度以及自我洞察失败后的结果有所迷恋。然而，让人诧异的是，自我认知从来都不是学院派心理学的研究主流。如果不算那些励志书籍和来自精神分析学派的书籍，很少有关于自我认知的大学课程和书籍。

　　在我看来，情况将会有所改观。近年来，关于自我认知的科学研究迅猛发展，针对自我认知，学者们给出了与弗洛伊德及其追随者截然不同的观点。人们拥有一个强大的、复杂的适应性潜意识，这是人生存的根本。然而，由于潜意识在意识之外高效运作，而且很难接近，所以自我认知需要付出代价。关于自我，即使通过深度内省，依然有极大部分我们不能直接探触。那么，如何发现我们的无意识特质、目标与感觉呢？这样做，对我们总是有利吗？心理学会的研究者能在多大程度上重新发现弗洛伊德及其精神分析学呢？不论采用哪种方法，自我认知如何才能得到科学研究呢？其中一些问题，我将放在随后的章节里探讨。问题的答案往往意想不到，而且会对我们的日常生活产生直接效用。

　　1973年秋天，我刚刚从汉普郡学院（Hampshire College）12班毕业。汉普郡学院是一个不大的实验学院，位于马萨诸塞州（Massachusetts），当时刚成立

1

三年。毕业后我到安娜堡（Ann Arbor）攻读研究生，从那时起，我开始对这些问题产生浓厚兴趣。密歇根大学（University of Michigan）是一个能激发人斗志的地方，在这里，许多人为我开拓社会心理学研究事业提供了很大帮助，在此，我对他们深表谢意。我要特别感谢我的导师迪克·尼斯贝特（Dick Nisbett），他教会我如何凭借经验深入分析关于自我认知的观点，并从理论上对它们加以思考。20世纪70年代，我们在社会心理协会进行过多次激烈的探讨，本书的很多观点都源自那些探讨。更重要的是，迪克让我明白，社会心理学不只是一个专业或者一种学术追求，还是对世界的基本假设进行挑战的一种生活方式。

我还要感谢与我共事多年的研究生，对本书中要讨论的问题，他们帮我进行了调查研究，这些人是：莎拉·艾尔格（Sarah Algoe）、戴维·森特巴（David Centerbar）、米歇尔·达米阿尼（Michelle Damiani）、达纳·邓恩（Dana Dunn）、莉斯·邓恩（Liz Dunn）、萨拉·霍奇（Sara Hodges）、黛比·克尔默（Debby Kermer）、克里斯汀·卡莱恩（Kristen Klaaren）、多洛雷斯·卡夫（Dolores Kraft）、杰米·库尔茨（Jaime Kurtz）、苏珊妮·拉弗勒（Suzanne LaFleur）、丹·拉斯特（Dan Lassiter）、道格·莱尔（Doug Lisle）、杰伊·迈耶斯（Jay Meyers）、尼科尔·谢尔顿（Nicole Shelton）、朱莉·斯通（Julie Stone）以及塔利亚·惠特利（Thalia Wheatley），他们给我留下了深刻印象，我无法想象，如果没有这一帮人与我共进退，我的学术追求之路将会如何走下去。

另外，我要感谢约翰·巴奇（John Bargh）、乔恩·海特（Jon Haidt）、安吉莉·利拉德（Angeline Lillard）、乔纳森·斯库勒（Jonathan Schooler）、丹尼·韦格纳（Dan Wegner）、丹·威林厄姆（Dan Willingham）以及德鲁·威斯顿（Drew Westen），他们阅读了本书初稿的全部或大部分，并提出了很有价值的反馈意见。最后，我要特别感谢哈佛大学出版社（Harvard University Press）的编辑伊丽莎白·诺尔（Elizabeth Knoll），他聪明机智、诙谐幽默，耐心地提出自己的独到见解，使本书在截稿日之前顺利完结。

自我认知这一研究主题是一个较私人的问题，在随后的章节里，我会提到自己以及朋友的生活经历。为避免尴尬，在书中，有时我会对朋友的名字及其具体经历的细节稍作修改，而我自己的囧人经历则会原封不动地写进书里。

目录

第一章 | 没有被说出的秘密

　　试问，世间还有什么能比心底之事更重要、更难破解？有些人很幸运，他们清楚地知道自己内心的渴望，但他们又很不幸，不知如何实现它。虽然未实现愿望，但这些人至少知道他们想要什么，比如，期待孩子的忠诚、情人的拥抱或者内心的平静。而比较悲惨的命运就是，你根本不知道自己内心的真正渴望是什么，以至于经常盲目地做出选择，陷入纠结与痛苦之中。那么，人为什么不能很好地了解自我——他们的感觉、目标和能力呢？

第二章 │ 做一个高适应性的人

当马路上有一辆卡车向我们迎面驶来时，我们立刻就能判断出"那很危险"，会毫不犹豫地奋力跑开，根本不会先去想卡车为什么会这样。但失去潜意识的笛先生没有经历过这种突发状况，不知道该怎么办。同样，当我们初次见到某个人时，会迅速设想一下他是怎样一个人，然后根据经验做出肯定或否定的评价——这在几秒钟内就能完成。所有这些行为，都是高效适应性潜意识的功劳，假如失去了这种适应性，我们的人生将不堪设想。

第三章 │ 谁在掌控

我们似乎总感觉意识在控制着自己的行为，所以你可能会问：为何会这样？通常，我们每产生一个想法，就会紧跟一个行动，并认为是想法催生了行动。事实上，这个潜意识动机，可能已经产生了意识的思想和行动。例如，我决定从沙发上站起来去吃点东西，似乎是一个意识的行为，因为在我站起来之前会意识到："如果现在有一碗草莓味的麦片该多好。"然而，很可能是我潜意识内产生了吃东西的欲望，才使我想到麦片并走进厨房的。既然如此，那真正的掌控者又是谁呢？

第四章 | 认识你自己

在萧伯纳的剧作《卖花女》中，亨利·希金斯成功地将粗鄙的卖花女伊莱莎改造成一位优雅的淑女——然而，对他自身可憎的人格，却未做出任何改变。希金斯自视为温文尔雅、正直开明、有内涵的英国绅士，他的一切举动都会受人尊敬，但他从未发现，他也有粗暴、歧视女性、控制欲很强、过分挑剔的一面。所以，当管家皮尔斯太太对他口出恶言，用他的睡袍当餐巾使用，并把满满一锅粥打翻在干净的桌布上时，希金斯大为不解。这个故事告诉我们，我们自以为很了解自己，其实未必如此。

第五章 | 我们为何如此反应

我们或许很难发现，人格中那些根深蒂固的方面如何影响我们的行为，但却很容易知道，我们生约翰的气是因为他爽约，我们难过是因为祖母生病，我们感到恶心是因为吃了一整碗的蛤蜊。很显然，我们善于发现即时情境如何影响我们；否则，在下次聚餐时，还是不能轻易地认出蛤蜊。但有时候，我们可能不太清楚自己感觉和信念的根源。越来越多的证据证明加扎尼加和勒杜的直觉是正确的，即我们的自我意识通常不知道自己反应的原因，所以不得不去虚构原因。

第六章 ┃ 了解自己的感觉

　　山姆注意到他的妻子在晚会上和一个非常有魅力的男人聊天。那位男士邀请他的妻子一起跳舞，她欣然应允。在回家的路上，山姆一言不发，当妻子问他是否有什么地方不对劲时，他诚恳地回答："没有，我只是感觉累了。"即使其他人看到他的行为会认为他在说谎，山姆依然确信自己没有嫉妒。第二天他意识到，当妻子注意其他男人的时候，他真切地感到了威胁。我们经常质疑人们对自己感觉的陈述，上述事例恰好强调了质疑的另一种方式：人们往往在事后意识到自己先前的感觉是错误的。

第七章 ┃ 了解自己如何感觉

　　在自我认知中，情感预测占有重要的地位。像择偶、择业、是否生子、是否购买猫王模仿秀的服装等，这些决定或大或小，但在做决定之前都需要预测这些事件将会给人们带来多大程度的满足感和愉悦感。就像我们对一个当前事件产生的情绪反应不仅有特定的意义，而且通常会进入意识之中，因此，对未来事件的情绪反应可能是实现自我认知的重要形式。大多数人都明白，相对于疼痛、贫穷、不幸的婚姻而言，健康、富有和幸福的婚姻使我们更快乐。如果我们对好坏都一无所知，那么我们很难在世界上立足。

第八章 ┃ 撰写属于自己的传记

　　我喜欢将内省比喻为个人叙事，即与传记作者一样，建构关于他们生活的故事。我们将观察到的（我们意识内的思想、感觉、记忆、自我行为以及他人对我们的反应）变成故事，如果一切顺利的话，还要抓取至少一个我们观察不到的部分（我们潜意识的人格特质、目标和感觉）来填充这个故事。当我们在生活中遇到一件痛苦之极的事时，比如痛失爱人，在内心不断回忆并重组我们和爱人一起度过的美好时光，有助于我们减轻痛苦，改善糟糕的自我状态，从而更快地回归到日常生活中来。

第九章 ┃ 从外部审视自我

　　我的朋友麦克坚称自己很害羞，这令所有认识他的人都感到吃惊。他看起来很容易相处，因此他总有很多朋友。外出旅行时，他总能轻松地和其他旅客搭讪。他的故事讲得很棒，聚会时总喜欢给人们讲他童年在新泽西的故事。显然，麦克拥有超强的人际交往能力，但他为什么会认为自己很害羞呢？原来，麦克小时候是一个非常内向的孩子，虽然长大后变得异常外向，但他却没有放弃对自我的"内向"界定。如果他能参考朋友们的意见审视自己，他将会发现，自己其实一点也不害羞。

第十章 | 开发潜能和改变自我

作家玛西亚·缪勒一直对自己很不满意，后来，她通过模仿自己创作的小说中的女主角彻底改变了自我。她说："她比我高、苗条，还比我勇敢。她四处游历，不顾安危；不管是谁，有问题就问。而大家都知道：即使是在恰当时机，只要一拨电话，我就会变得异常紧张。最后，我虽然没能长得更高，但是我成功瘦身，也变得更加勇敢和自信。在我以后的小说创作中，我更愿意积极探索未知的世界，不管安全与否；也敢于发问，不管对象是谁。最终，我宣告了自己的独立！"

第一章

没有被说出的秘密

　　试问，世间还有什么能比心底之事更重要、更难破解？有些人很幸运，他们清楚地知道自己内心的渴望，但他们又很不幸，不知如何实现它。虽然未实现愿望，但这些人至少知道他们想要什么，比如，期待孩子的忠诚、情人的拥抱或者内心的平静。而比较悲惨的命运就是，你根本不知道自己内心的真正渴望是什么，以至于经常盲目地做出选择，陷入纠结与痛苦之中。那么，人为什么不能很好地了解自我——他们的感觉、目标和能力呢？

只要自重、自觉、自制，人生就可达到至高无上的境地。

——阿尔弗雷德·丁尼生（Alfred Tennyson）《俄诺涅》（*Oenone*）

　　试问，世间还有什么能比心底之事更重要、更难破解？有些人很幸运，他们清楚地知道自己内心的渴望，但他们又很不幸，不知如何实现它。例如，莎士比亚（Shakespeare）戏剧《李尔王》（*King Lear*）中，一些人因一时失足而做出错误的行为，导致他们与内心的愿望渐行渐远。由于这些人骄傲自大、固执己见或缺乏自我洞察，所以他们的愿望自然不会实现。

　　虽然未实现愿望，但这些人至少知道他们想要什么，比如，期待孩子的忠诚、情人的拥抱或者内心的平静。而比较悲惨的命运就是，你根本不知道自己内心的渴望是什么。想想马塞尔（Marcel），即法国小说家普鲁斯特（Proust）的作品《追忆似水年华》（*Remembrance of Things Past*）中的主人公，他认为自己已经不爱阿尔贝蒂娜（Albertine）了，所以他千方百计地想要离开她，直到某天管家冲进来告诉他，阿尔贝蒂娜已经弃他而去，听到这话的那一瞬间，马塞尔才意识到，自己仍深爱阿尔贝蒂娜："'阿尔贝蒂娜小姐已经离开'，这句话犹如一把利刃插入我的心脏，撕心裂肺般疼痛，我一刻都不能忍受这种痛苦。所以，我自认为对我无所谓的东西，其实是我生命中的惟一。我们对自己是多么无知啊！"

马塞尔不能了解自己的真实感觉，这一点也不稀奇。我的一个朋友，苏珊（Susan），曾经与一位叫斯蒂芬（Stephan）的男子相恋。斯蒂芬是个很棒的小伙子，和善、体贴、靠得住，而且深爱着苏珊。他和苏珊都是社工，有很多共同的兴趣爱好。他们交往了大概一年，两人的关系似乎也变得越来越正式，唯独存在一个问题——苏珊的所有朋友都能很明显地看出来，苏珊根本不爱斯蒂芬。苏珊"认为"自己很爱斯蒂芬，就我们所知，那时的苏珊只是说服自己去相信自己原本没有的感觉。斯蒂芬是个好小伙，这没错，但他是苏珊深爱着并想托付终身的那个人吗？显然不是。最终，苏珊意识到，自己一直以来都误解了这种关系，她果断地与斯蒂芬分了手。

马塞尔和苏珊也许是个例外，他们看不清自己的内心，读不懂自己的真实想法。可是我猜，如果我们也陷入一个相似的困境中，我们中的大多数人恐怕也会犹豫不决。就像《傲慢与偏见》（*Pride and Prejudice*）中的伊丽莎白（Elizabeth），她发现自己"不能准确地界定"对达西先生（Mr.Darcy）的情感：

> 她既然尊敬他、器重他、感激他，便免不了关心他的幸福。她相信自己依旧有本领叫他再来求婚，问题只在于她是否应该放心大胆地施展出这副本领，以便达到双方的幸福。

假想一下，当我们困惑时，可以将自己连接到一部名为内部检测器的仪器上。将电极与我们的太阳穴连接起来，然后调整仪器指示盘，这样就可以回答"我对斯蒂芬（或达西先生）的真实感觉究竟是什么"此类问题了。一阵嗡嗡声和滴答声过后，该仪器就会把答案显示在一个小监视器上。（也许，这个监视器是类似于魔术八球的科技产品，在催眠派对上，孩子们会通过摇动魔术八球来探知自己的未来。）

人们会如何利用这个内部检测器呢？为了弄清这个问题，在某次研讨课上，我让学生们将他们想知道的问题列举出来。就像《傲慢与偏见》中的伊丽莎白一样，一些学生想要知道，他们对某些人的真实感觉是什么。举个例子，一位学生说，他最想知道的是："出现在我生命中的几个人，我对他们的真实感觉究竟如何？"要是有一部仪器可以告诉我们诸如此类问题的答案，那该有多好啊！

学生们还提出了一些关于他们人格特质的问题，包括他们的特质和能力，例如："我人生的主要目标和动机是什么？""为什么在某些场合，我是社交白痴？""为什么有时缺乏做作业的动机？"还有一些问题是关于学业成绩和工作的。毫无疑问，这些问题是专门针对成年初期的迷茫感提出来的。然而，即使是那些久经沧桑的成年人，有时候也会对自己的人格和能力感到困惑。不了解自己的人往往会盲目地做出选择，比如，当一位男士更适合成为一名教师时，他却认为自己有能力成为一名律师，这样才能令他过上满意的生活；或者，一位女士拒绝举办一场重要的个人演讲的邀请，只是因为她长期以来所持的错误信念，即她永远不可能成功举办一场个人演讲。

这些学生还想知道，他们为什么会如此感觉或如此行动，例如，为什么是这件事，而不是那件事令他们感到高兴？为了避免错误的感觉和行为，了解我们做出各种反应的原因是至关重要的。设想一下，一个表情僵硬的人想在一家律师事务所谋得一个位职，在面试过程中，面试官发现，这位求职者待人似乎很冷漠、不友善，而且还有点咄咄逼人，所以面试官认为不能雇用这位求职者。面试官觉得自己对待求职者很公平，她认为求职者给自己留下的消极印象跟他的形象无关。如果她的想法并不真实，她确实是因为这位求职者的僵硬形象才对其产生负面的印象，而她自己并未察觉到，那情况又会怎样呢？如果她不知道自己对形象不好的人确实存在歧视，而这种歧视正在左右她的判断，那么，她就不能正视这种不真实的想法并尝试做出改变。

这本书主要涉及两个问题：人为什么不能很好地了解自我（例如，他们的特质、做事方式，甚至是感觉）？他们如何才能提高自我认知能力？毫无疑问，缺乏自我洞察力有多方面的原因；人们可能会被傲慢蒙蔽双眼（一个典型的希腊或莎士比亚式的戏剧主题）、被无法了解的事物所困惑，或者只是再也不想花时间去小心翼翼地审视他们的生命和灵魂。那么，我想提出的这个原因也许是最普遍的，那就是：关于存在于意识知觉之外的自己，我们想了解什么。

人的想法有很大一部分是潜意识的，这个观点是弗洛伊德早就提出来的，充分显示了弗洛伊德的敏锐洞察力。我认为现代心理学的发展应大大感谢弗洛伊德，因为他很乐意去探索那些超越狭隘的意识长廊之外的领域。然而，经验主义心理学在研究人类潜意识的本质时曾掀起一场革命，揭示出了弗洛伊德观点的局限性。

起初，心理学家并不重视对无意识形成过程的研究，有时只是简单提及。在20世纪前50年，学术界对心灵主义①的排斥，引发了行为学家对心理学的抨击；行为学家认为，我们并不需要考虑人类大脑中想的是什么，不管是意识的还是潜意识的。到了20世纪50年代后期，主流心理学在反对行为主义方面迈出了很大一步，并开始了对心智的系统化研究。但是，在实验心理学家所研究的心智中，哪些是意识的，哪些是潜意识的，他们谈论得很少。在当时，这是一个禁忌话题，几乎没有几个心理学家会说："嗨，我们不仅能够研究人们正在想些什么，还能研究人们头脑中他们自己都看不见的那些思维过程！"这会破坏心智此时所获得的社会地位。在心理研究实验室，没有几个自尊自爱的心理学家能承受挨骂的风险："天杀的，他们是弗洛伊德之流！"

但是，正当认知和社会心理学的研究蓬勃发展时，一件有趣的事情发生了。很明显，尽管心理学家假设出正发生于人脑中的很多认知过程，但他们并不能用语言表达出来。例如，社会心理学家正在研究某种方法的固定模型，通过这种方法，人们可以对社会环境中的各种信息进行加工处理，包括人们如何设计并维持组织的运转，如何判断他者的人格，如何归因自己和他人的行为动机。研究人类思考过程的人越多，就越是会发现，人们其实意识不到这种思考的心理过程。当研究者盘问被试②，在实验中他们真正想到了哪些方面时，研究者心

---

① 视心灵（或精神、灵魂）为惟一实体，并能支配自然界与肉体的一种唯心主义哲学观点。（引自朱智贤主编的《心理学大词典》，北京师范大学出版社，1989年10月第1版，p774。）——译者注

② 在心理实验或心理测验中，产生或显示被观察的心理现象的主体。心理实验的被试有人和动物两大类。（引自朱智贤主编的《心理学大词典》，北京师范大学出版社，1989年10月第1版，p23。）——译者注

烦意乱地看到，这些被试总是摇摇头说："教授，这真是一个有趣的理论，但是，我恐怕不能回忆起当时的想法，时间有点久了。"心理学家对各种心理过程研究后发现，这些心理过程的发生往往在人们的意识之外。因为这个事实不容忽视，关于无意识的理论研究便开始慢慢渗透到实验心理学中去了。

但是，当时很多心理学家很不情愿使用"潜意识"这个词，因为他们害怕会被业内同行认为，在该问题上他们妥协动摇了。这些研究者开始创造一些其他的词汇，用来描述发生在人们潜意识层面的心理过程，例如，"自动的"、"内隐的"[①]、"前注意的（pre-attentive）"[②]、"程序上的"。有时候，跟常规词汇"潜意识"相比，这些新创词汇确实能够很好地描述某种特定类型的心理过程。例如，对自动化加工[③]的研究已经达到繁荣阶段，不过，缺乏对这种心理过程的意识成了它的基本特征之一。

目前来看，"潜意识"或"无意识"这两个词汇频频出现在主流刊物上。一系列具有普遍性、适应性、复杂性特征的心理过程开始被人们重视，这种心理过程主要发生于我们的意识之外。确实，一些研究者甚至声称，本质上，潜意识心理保持着整个心理过程的运作，而意识心理也许只是一种美好的幻想。尽管并非所有人都准备抛弃意识思维这种概念，但就无意识思维、感觉和动机的重要性而言，跟之前相比，学术界现在更能达成一致看法。

当科学心理学将目光转向对潜意识的研究时，实证研究型心理学家与精神分析学家之间的分歧也因此缩小，但并未完全消除。而且，很明显，现代的适应性潜意识与精神分析学家所指的潜意识是有区别的。

---

① 指一个人的思维、想象、记忆等内在心理活动。——译者注

② 前注意机制是对环境中信息的无意识汇集。在人类的认知过程中，所有信息都要经过前注意机制加工，之后大脑才能过滤和处理有用的信息。——译者注

③ 对刺激物的信息无需注意或只需很少注意的加工。例如，驾驶汽车和理解语言等许多方面就是自动化加工。（引自朱智贤主编的《心理学大词典》，北京师范大学出版社，1989 年 10 月第 1 版，p990。）——译者注

第一节　适应性潜意识：高效心灵的必备武器

弗洛伊德的观点总是变来变去，最典型的是从人脑的拓扑学①理论到结构化理论，并在 1923 年出版了著作《自我与本我》（*The Ego and the Id*）。一些现代精神分析学派认为，应高度重视无意识内驱力②、客体关系③和自我功能④。将现代的适应性潜意识与弗洛伊德式潜意识进行比较，就好比你想尝试瞄准活动目标一样。然而，这两种观点之间其实具有明显差别。

潜意识的本质是什么

正是弗洛伊德的拓扑学模型对这两种潜意识过程进行了区分。首先，人们拥有多种想法，只不过不是他们当前关注的焦点，例如，他们七年级的数学老师叫什么。弗洛伊德说，此类信息处于前意识⑤中，只有将注意力向意识转移，才容易将它们变为意识内的信息。弗洛伊德认为，更重要的是，人脑中有一个巨大的储存库，它储存着原始的、不成熟的、处于潜意识层面的想法，因为它是精神性疼痛的来源。这类想法受到了有目的性的压抑，不仅仅是因为注意力发生了转移。弗洛伊德后来建立的智力结构模型更为复杂，因为它将潜意识过

---

① 拓扑心理学是德国心理学家 K.勒温在拓扑学和向量学影响下创立的格式塔心理学的一个分支。他在《拓扑心理学原理》（1936）一书中对心理生活空间作了拓扑学的陈述。空间的各部分在拓扑学内称为"区域"，心理生活空间的每一部分都可配以一个区域，或者说，凡可视为区域的都应为心理生活空间的一个部分。（引自朱智贤主编的《心理学大词典》，北京师范大学出版社，1989 年 10 月第 1 版，p688。）——译者注

② 指由内部或外部刺激所唤起，并使有机体指向于实现一定目标的某种内在倾向。（引自朱智贤主编的《心理学大词典》，北京师范大学出版社，1989 年 10 月第 1 版，p452。）——译者注

③ 客体关系理论是在精神分析的理论框架中探讨人际关系，更强调环境的影响。该理论认为，真正影响一个人精神发展过程的是在出生早期婴儿与父母的关系。——译者注

④ 自我的功能主要有：控制和调节本能活动；保持与现实的关系；发展客体关系；防御作用。——译者注

⑤ 指无意识中可召回的部分，人们能够回忆起来的经验。它是无意识和意识之间的中介环节。无意识或许很难或根本不能进入意识，前意识则可能进入意识，所以从前意识到意识尽管有界限，但没有不可逾越的鸿沟。——译者注

程分为自我、超我与本我，但他继续把研究焦点放在潜意识思维上，潜意识思维是原始的、带有兽性的，而意识思维则更理性，也更复杂。

根据当代学术界的观点，弗洛伊德对潜意识的看法有太大的局限性。当弗洛伊德［学着早期实验心理学家古斯塔夫·费希纳（Gustav Fechner）的说法］说意识就是浮出水面的冰山一角时，他对此的判断准确性还差得很——意识也许不只是那一角。心灵得以最有效地运作，是通过将很多高深而复杂的思维移交给潜意识进行，就好比一架现代巨型喷气客机交由自动驾驶仪操纵飞行，此时就不太需要或根本不需要人——"有意识的"飞行员的操纵了。在评价世界、警示危险、设立目标、以一种复杂而高效的方式积极采取行动等方面，这种适应性潜意识发挥了很大作用。适应性潜意识是高效心灵必不可少且庞大的一个部分，绝不仅是心灵大家庭中那个任性的孩子和那些找来看管这个孩子的警卫人员。

潜意识现在既不是心灵中的单一部分，将来也不能脱离心灵成为一个独立部分。更确切地说，人类有随着时间而进化出来的多组心理模块，在意识之外运行。虽然我为了方便速记而把这个高效心灵中必不可少且庞大的部分称之为所谓的"适应性潜意识"，但我并不想像弗洛伊德学派（Freudian）那样，把它定义为心灵中的单一部分。比如，我们都有一个无意识的语言信息处理器，使我们能够很容易地学习和运用语言，但这种心理模块相对独立于我们迅速且有效识别人脸的能力以及快速评估环境事件好坏的能力。因此，我们最好还是将这种适应性潜意识想象成人类心灵城邦的多组人群，而非《绿野仙踪》（*The Wizard of Oz*）中的奥兹大王（其实是个小矮人魔法师），独自一人在王宫大殿的屏风后面（意指意识知觉之外）操控一切。

人为什么会存在潜意识

弗洛伊德认为，人类的原始冲动通常不能到达意识层面，因为，总体上看来，对更理性、更有意识的自我来说，乃至对社会来说，它们都是无法接受的；

它们"令我们想起传说中泰坦家族中的某位巨神，从远古时代开始，胜利的天神就投下几座巨山压住了这位巨神"。人们并不想知道自己的潜意识动机和感觉，所以会生发出很多防御机制，其中有一些（例如升华①）比另一些（压抑、反向形成②等）更为有益。（精神分析学派的）治疗过程涉及到说明和规避不健康的防御机制，这其实很难做到，因为人们都倾向于隐藏自己的潜意识动机和感受。

根据当代观点，潜意识的心理过程之所以存在，原因很简单。人们不能直接检验自己的诸多心理过程如知觉、记忆和语言理解的基本过程是怎样工作的，这不是因为（如弗洛伊德所说的那样）焦虑阻止了人们的直接检验，而是因为这些心理过程很难抵达意识知觉——非常有可能的是，在人类进化出意识之前，它们就已经进化出来了。举个例子，如果让人们准确告诉我们，他们是如何通过三维视角去感知世界的，或者，他们是如何把别人发出的连续不断的噪音流解析成可理解的讲话的，他们必定会张口结舌无法作答。意识是一个拥有有限容量的系统，而为了存活于世，人们一定要有能力处理意识之外的各类信息。19世纪20年代，卡尔·荣格（Carl Jung）就认可了这一点：

潜意识还有另一方面：在其范围内，不仅包括受到压抑的心理内容，还包括未达到意识阈限③的其他心理内容。所有这些意识阈下心理内容的特征，不可能用压抑原理解释清楚。否则，一个人在压抑解除的情况下，必将达到现象学的记忆水平而无所遗忘了。

---

① 弗洛伊德借用这一物理概念，特指被压抑于无意识中的本能冲动，常转向社会所许可的活动（例如，跳舞、唱歌、文学）中去寻求变化的、象征性的满足。（引自朱智贤主编的《心理学大词典》，北京师范大学出版社，1989年10月第1版，p593。）——译者注

② 心理防御机制的一种，表现为：无意识的冲动在意识层面上向相反方向发展，人的外表行为或情感表现与其内心的动机欲望完全相反。——译者注

③ 德国教育学和心理学家赫尔巴特提出的概念。一个观念如要从一种完全被抑制的状态进入一种现实观念的状态，须跨过一道界线，该界线就是意识阈。（引自朱智贤主编的《心理学大词典》，北京师范大学出版社，1989年10月第1版，p859。）——译者注

毋庸置疑，对此弗洛伊德会表示同意，他会这样说："是的，是的，但这种潜意识思维无足轻重；这些琐碎的低级思维与人内心和心灵中的那些爱、工作和玩耍等大事相比是比较无趣的。当然啦，我们也不会有意识地接触此类问题，例如，我们如何感知深度，就好像我们也不会有意识去接触'我们的消化系统是如何运作的'这类问题一样。事实依然是，只有用压抑可以解释，为什么较重要的、较高层次的心理过程是发生在潜意识中的。如果避开压抑和抗拒，人们就能直接感知到自己的原始冲动和欲望，但通常我们会尽最大努力将这类想法和感觉排除在意识之外。"

相反，关于适应性潜意识的现代观点是，与人类心灵有关的很多有趣的大事——判断、感受（感情）、动机——都发生在意识之外，这是因为效率而非压抑的缘故。就好比心灵结构阻止低层次的心理活动（例如知觉过程）到达意识层面，很多高层次的心理过程和心理状态同样很难到达。心灵是一个精心设计的系统，通过一边分析和思考意识外的世界，一边有意识地思考其他事物，大脑能够同时发挥多种作用。这并不否认有些想法是颇具威胁性的，人们有时候也受动机支配而避免去知晓它们。无论如何，就人们为何不能在意识内探触自己的想法、感受或动机而言，压抑或许不是最重要的原因。这就意味着，我们不能低估潜意识是为了效率这一事实，只有这样才能让我们更好地探究潜意识，同时这也是本书的一个主题。

第二节　无意识自我蕴藏的巨大潜能

为了进一步论证适应性潜意识与弗洛伊德式潜意识的不同，我们引用了反事实[①]分析法，通过这种方法，我们可以想象，如果弗洛伊德从未提出精神分析理论，那么，关于潜意识的观点将如何生发出来。为了弄明白这点，我们有必要简短回顾一下，在弗洛伊德之前人们是如何探索潜意识过程的。

---

① 即作出与事实相反的假设。——译者注

在 19 世纪，笛卡尔（Descartes）的思想在很长时间里影响着人们对潜意识本质的看法。笛卡尔为人们所熟知，是因为他将心灵和肉体进行绝对分离。从那时起，笛卡尔二元论，或者心身问题，就成了哲学家和心理学家的研究焦点。当然，当时很多人都不认可这种观点，即心灵和肉体是两个分离的、遵从不同自然法则的实体，即使在今天，也很少有哲学家或心理学家将自己归为二元论者的队伍；事实上，安东尼奥·达马西奥（Antonio Damasio）将"心灵和肉体的深度分离"称为"笛卡尔的错误"。

笛卡尔还犯了一个与此相关的错误，虽然知道的人不多，但在知道的这少部分人中的口碑依然很恶劣。笛卡尔赋予心灵特殊地位，而这与自然法则无关；不仅如此，他还把心灵局限于意识领域。他认为，心灵包括人类一切有意识的想法，除此以外，别无其他。笛卡尔把心灵等同于意识，就这样猛烈的一击，粉碎了任何无意识思想存在的可能性——这一思潮被亚瑟·凯斯特勒（Arthur Koestler）称为"笛卡尔式灾难"，而兰斯洛特·怀特（Lancelot Whyte）则称之为"人类心灵所能犯下的根本性错误之一"，凯斯特勒正确地表明，这种观点导致了"心理学的贫困化，要三个世纪才能使其复原"。

尽管笛卡尔犯了一个很大的错误，但是，19 世纪的很多欧洲理论家，例如帕斯卡尔（Pascal）、莱布尼兹（Leibniz）、谢林（Schelling）、赫尔巴特（Herbart），他们开始假设无意识知觉和思想是存在的。值得一提的是，有些英国医生和哲学家针对无意识加工萌生了一些新想法，公然反对笛卡尔的观点，而且，它们显然与当代关于适应性潜意识的想法相类似。这些具有先见之明的理论家，特别是威廉姆·汉密尔顿（William Hamilton）、汤姆斯·莱科克（Thomas Laycock）、威廉姆·卡朋特（William Carpenter），实可称为适应性潜意识的当代理论之父。他们观察到，人类的大量知觉、记忆和活动在发生时并不伴随着有意识的思考或意愿，他们的结论是，一定存在某种"心理潜在因素"（汉密尔顿所言，引自莱布尼兹）、"未意识到的大脑的思考活动"（卡朋特所言）或者"大脑的反射活动"（莱科克所言）。很显然，这些理论家对无意识加工的描述与现代的观点相类似；事实也是如此，他们著作中的一些引用很容易被误认为是现代心理学杂志的条目：

低层次的心理过程发生在意识之外。汉密尔顿、卡朋特以及莱科克认为，人类的知觉系统主要是在意识知觉之外运行，赫尔曼·赫尔姆霍兹（Hermann Helmholtz）也提出过同样的观点。尽管在今天看来这个观点显而易见，但在当年并未得到广泛认可，那主要是因为它被当成是承继了笛卡尔的二元论而形成的观点。直到19世纪50年代认知革命发生时，它才受到当代心理学家的广泛认可。

分散注意。威廉姆·汉密尔顿认为，人们能够有意识地专注某一件事，同时又可无意识地处理另一件事。他举了一个例子，某个人在高声朗读，但却发现他（她）脑海里想的全是其他："当你正在做自己的事时，如果这件事乏味无趣，那么你的思绪会完全游离于书和书的主题之外，也许你正陷入持续的沉思中。在此，阅读过程并无中断且非常精确地进行着，而同时，沉思过程并无涣散或懈怠，也在进行着。"汉密尔顿准确预示出了这个在一个世纪之后产生重大影响的选择性注意理论。

思维的自动性。19世纪的理论学家争论说，思想可以变成非常习惯化的活动，无需有意注意①就能发生于意识范围之外，而直到20世纪70年代，这一观点才开始正式发展起来。例如，威廉姆·卡朋特指出："什么可以称作思维机制？对这个问题了解得越透彻，下面这个观点就越显而易见，即自动的以及潜意识的行为大都能进入到其心理过程之中。"

无意识偏见的含义。适应性潜意识最有趣的一个特点是它利用"成见"对他人进行分类和评估，在一个多世纪之前，威廉姆·卡朋特就已经预感到这一作用，他指出，人们发展出习惯性的"思维倾向"，它们是无意识的，而这些思维模式可以导致"我们最终形成潜意识偏见，这比意识偏见更强烈，也更危险，因为我们不能清醒地应对它们"。

---

① 是人所特有的一种心理现象，它是自觉的、有预定目的的注意。在有意注意时往往需要一定的努力，人要积极主动地去观察某种事物或完成某种任务。——译者注

缺乏对自己感受的知晓。 关于适应性潜意识，颇有争议的一个观点是，它能引发人们无法知晓的感受和偏爱。卡朋特认为，情绪反应可以在意识之外发生，直到能引起我们的注意力为止："我们对人和物的感受可以在我们一点都不知晓的状态下经历着重大改变，直到我们把自己的注意转向我们的心理状态为止，此时，我们才会注意到这个变化结果。"

无意识的自我。 我们人格的核心部分或许存在于意识之外，所以我们才无法接触自我的重要方面吗？威廉姆·汉密尔顿充分描写了人在早期生活中是如何养成习惯的，而这些习惯最终变成了人格中不可分割的一部分。据说，这些心理过程构成一种人们意识无法觉察的"自动化自我"——100 多年来，这一观点在心理学领域再没有出现过。

为什么人们将汉密尔顿、莱科克和卡朋特的大部分著作都遗忘了呢？在很大层面上，正是因为弗洛伊德提出的各种潜意识理论，才阻止了这些观点进入心理学的核心领域。据我所知，弗洛伊德从来没有引用或者提到过这些理论。如果他本来就知道这些作品的存在，那他很可能认为，这些观点与动力的、压抑的并以大写字母 U 开头的潜意识（Unconscious）是不相关的。

但是，如果弗洛伊德从未提出精神分析理论，结果又会如何？假如 19 世纪维也纳的反犹主义没有阻止弗洛伊德冉冉升起的事业（在大学做一名心理学教授），他继续研究着八目鳗的脊髓。或者，假如他当时染上了毒瘾（在 1884 年，他曾用可卡因做过实验），或者他从未遇到约瑟夫·布洛伊尔（Josef Breuer）。因为正是与布洛伊尔一起，弗洛伊德才开始了对癔症的开创性研究[①]。人的一生有无限个"假如"，任何一个"假如"都有可能改变弗洛伊德的事业生涯。

假如实验心理学在开始成为一门学科的时候，在以下两个关键方面没有受

---

① 又称歇斯底里。神经症的常见类型之一。临床表现多种多样，有的类似神经系统疾病似的运动或感觉障碍，有的表现为精神方面的异常，以及内脏或植物神经功能失调。这些症状的共同特点是没有器质性损害的基础，纯属功能失调性质；可因暗示而发生、发展或维持，也可因暗示而减轻、改变或消失。（引自朱智贤主编的《心理学大词典》，北京师范大学出版社，1989 年 10 月第 1 版，p862。）——译者注

到精神分析理论的影响，那又将如何？一方面，研究者认为，与那些有关动力性潜意识难以测试的观念保持距离是没有必要的，可以任由他们以与莱科克、卡朋特以及汉密尔顿同样的方式提出无意识思维的理论，即把它解释成一系列高效而复杂的信息处理系统。另一方面，他们自由自在地采用实验技术，探究人的心灵，甚至包括心灵的潜意识部分。在弗洛伊德的学术遗产中，很重要的一个部分是排斥采用自然科学方法研究心灵。弗洛伊德认为，在控制实验①中，研究者不可能观察到潜意识过程的复杂本性，通过详细的临床观察或许还有可能。当然，这种临床观察对研究极具启发性，不过，心理学家也许很快就会将目光转向对心理过程的实验研究，且不受这种方法论的局限。

即使避免了弗洛伊德理论的影响，对潜意识感兴趣的研究者仍然不得不与行为主义运动作斗争，而在行为主义者看来，不管采用哪种方法研究心灵，都是毫无意义的。事实上，行为主义在 20 世纪早期和中期兴起的一个原因就是，它对精神分析概念和方法的含混之处，提出了一个具有科学性的替代性观点（关注人们的外在行为）。如果没有这个背景，心理学就有可能更早地发现心灵，包括潜意识的心灵，而且可以采用自然科学方法来研究。

因此，在我所做的反事实幻想中，认知和社会心理学家本应更早地采用精密的实验技术去研究复杂的适应性潜意识。由于没有被精神分析理论为实验心理学设立的理论上和方法论上的障碍所吓倒，所以关于适应性潜意识的研究和理论才得以兴盛起来。

当然，这种反事实思维冒犯了一些研究者，在他们看来，对潜意识理论的建构而言，弗洛伊德的观点是不可或缺的。一些理论学家，例如马修·俄戴义（Matthew Erdelyi）和德鲁·威斯顿（Drew Westen），他们曾经坚信，精神分析理论对当代潜意识观点的发展来说是至关重要的，而且在很大程度上，当代的心理学研究确实可以体现出弗洛伊德对潜意识本质的洞察力。

---

① 指研究在实验室进行，而且在研究进行时对某些实验因素加以人为的控制。——译者注

弗洛伊德最了不起的深刻认识就是潜意识的普遍存在，我对此表示赞同。而且，他对潜意识的本质有着不懈的追求和创新性的研究，所以我们欠他一份很大的情谊。对于早期的、动力性的、灵活多变的弗洛伊德式潜意识来说，我们很难否认它的重要地位，这在一定程度上是因为，精神分析的叙述如此诱人且能解释诸多心理现象。我进行的反事实分析只是为了表明，弗洛伊德式潜意识并不是有关潜意识的惟一叙述，如果精神分析没有支配着"精神舞台"，或许我们会更快地发现某种现代的潜意识理论。

关于适应性潜意识的叙述，似乎把有关潜意识加工的有趣部分都消除掉了。偏爱精神分析的读者也许会发现，强调自动化信息加工的适应性潜意识是干巴巴的、淡漠的，甚至是令人厌烦的。弗洛伊德式潜意识是精巧的、机灵的、性感的，它曾经是伟大文学作品的主题，至少从古希腊悲剧诗人索福克勒斯（Sophocles）开始就是。对人的心灵中那个"自动驾驶仪"式的适应性潜意识，几乎从未有伟大的戏剧作品或小说来表现过它，而且，如果只关注适应性潜意识，这看起来就好像在谈论浪漫爱情却闭口不谈激情和性那样。

然而，这种观点带有误导性，因为它低估了适应性潜意识在很多生活要事和趣事中所发挥的作用，包括弗洛伊德所谓的工作与爱情（arbeiten und lieben）。正如我们将要看到的，适应性潜意识并非无足轻重，而是在生活的各个方面发挥着重大作用。我们很少发现描述适应性潜意识的伟大文学作品，这或许是因为精神分析思维相对更常见。

但是，关于潜意识的现代观点并不是要反对弗洛伊德式潜意识。当我们说起，人们拥有复杂而高效的无意识过程，而它们是我们立足于世不可或缺的，这并非否认人脑中还有其他动力机制在运行，它们将我们脑海中不愉快的想法都排除到意识之外。在后续各章中，一旦我们遇到带有弗洛伊德式潜意识色彩的现象，似乎就有压抑机制在发挥作用。有些读者可能会回应说："喂！那不是弗洛伊德说的吗？"——答案可能正是弗洛伊德或者他的某一个追随者说的。尽管我们内心的疑惑是："我们需要运用弗洛伊德的理论来解释那种现象吗？对于弗洛伊德所讨论过的各种潜意识现象，还有没有更简单的解释呢？”

有时可能会得出这样的答案，即弗洛伊德关于“潜意识的动力性和压抑性本质”的观点是正确的。在其他情况下，问题的答案可能是这样：尽管这不是弗洛伊德说的话，而是他的某一个追随者说的，特别是那些超越对童年内驱力的重视，强调客体关系和自我功能的重要地位的追随者们会说出那样的话；但通常我们会看到一个巨大的无意识系统的踪迹，此系统不同于弗洛伊德想象中的那个系统。

另外，弗洛伊德和其追随者经常会在核心观点上产生分歧，纵观其整个事业生涯，弗洛伊德对一些关键概念的想法也发生过改变，例如压抑的本质。这就出现一个新问题，我们如何判断这些观点的正确性。现代心理学方法的最大优势在于，借助实验方法来探究心理现象。关于适应性潜意识的研究正在迅猛增多，因为越来越多的研究者开始采用一些相当灵巧的实验技术对其进行研究，在本书中我们会对其中一些技术加以讨论。临床观察和案例分析可以为有关潜意识本质的假设提供丰富的资源，但在最后，我们必须采用一种更严密且更科学的方法对这些观点进行检验。因此，即使答案是“是的，弗洛伊德是这么说的”，但他自己或者其追随者可能还是会说一些与此完全相异的话，而且，唯有通过经验主义导向的心理学家的研究，我们才能“从黄沙里淘出真金”。

第三节　未经思考的人生，是不值得过的

对“如何实现自我洞察”这一问题的看法，是精神分析方法与现代心理学研究方法的另一个关键差异。精神分析学派和其他许多学派一样，都假设存在一条通向自我认知的路径，带人走进内心深处。这种观点认为，通过深刻的自我反省，可以将掩盖我们真实感觉和动机的层层迷雾看透。很少有人觉得，这种自我反省是很容易做到的。人们必须认清压抑和抗拒的障碍，然后将它们扫除。可是，当我们洞悉内心时，通常需要治疗学家的帮助，这样人们才可以直接探触到潜意识欲望。安娜•弗

洛伊德（Anna Freud）说："一个精神分析学家的任务就是，将潜意识里的东西带到意识内。"——这是各种形式的洞察疗法做出的一个假设。

但是，存在一个问题：有关适应性潜意识的研究认为，我们想看到的很多东西其实是不可见的。人脑是一个极其复杂和高效的工具，即使是世界上最先进的计算机也远远比不上人脑。人脑之所以具有巨大能量，一个很重要的因素就是，它能对即将接收到的大量信息进行快速的无意识分析，并采用高效方式对这些信息作出回应。甚至，即使我们的意识被其他东西占据，我们也能解读、评价和选择与我们目标相符的信息。

这是个好消息。但坏消息就是我们很难认清自我，因为不论我们多么努力尝试，都不能直接进入适应性潜意识。因为我们的大脑经过进化后，主要在意识之外运行，而且，无意识加工是人脑构造的一部分，我们不可能直接探触无意识过程。我们很难看到并理解在操控文字处理计算机程序时所使用的汇编语言，与其相比，"变潜意识为有意识"可能也绝非易事。

因此，尝试深入内心去探究适应性潜意识是徒劳的。一般看来，最好的方法莫过于通过观察外部特征来推断潜藏想法的本质，比如，观察我们的行为、他人回应我们的方式，从而形成一件很好的叙事①。本质上，我们必须像写自传的作者那样，将我们的行为和感觉提炼为一件有意义且有效的叙事。创作一部好的自传，最好的方式并非一定要在揭示潜藏的感受和动机时进行大量的专注性的自我反省。

事实上，有证据表明，过度审视内心反而会适得其反。我们会看到这样的例证，即对感觉进行反思会导致人们做出轻率的决定，并对他们的感觉愈发不得其解。更明确地讲，我并不蔑视各种内省行为。苏格拉底（Socrates）说过，"未经思考的人生，是不值得过的"，他只说对了一部分。其实关键在于，人们所应用的思考方式，还有，人们试图仅靠审视内心或仅靠审视外部特征（如自我的行为和他人的回应方式）来认识自我到何种程度。

---

① 是一种非概念化、非命题化的语言运作，简单地说就是使用感性的文学话语。我们讲故事所用的话语与讲课和写论文所用的是不一样的。——译者注

第二章
做一个高适应性的人

　　当马路上有一辆卡车向我们迎面驶来时，我们立刻就能判断出"那很危险"，会毫不犹豫地奋力跑开，根本不会先去想卡车为什么会这样。但失去潜意识的笛先生没有经历过这种突发状况，不知道该怎么办。同样，当我们初次见到某个人时，会迅速设想一下他是怎样一个人，然后根据经验做出肯定或否定的评价——这在几秒钟内就能完成。所有这些行为，都是高效适应性潜意识的功劳，假如失去了这种适应性，我们的人生将不堪设想。

　　对我们自己而言，在意识之外掀起的人生巨浪，或许比那些在我们意识之内的思想小岛更重要。

——E·S·达拉斯（E.S.Dallas）

　　细想一下就知道，对意识经验①的本质进行研究是件十分困难的事情。原因显而易见：除了自己，没有人能够直接观察到你的意识形态。但是，我们该如何确定"我的"主观体验或主观经验与"你的"是一样的呢？虽然我们能够向别人描述自己的想法和感觉，但却无法确定我们使用的同一词语是否具有相同的意义，正如那个经典命题：谁能确定你眼中的红色和别人眼中的红色是同一种颜色呢？

　　尽管类似难题尚未解决，但我们至少认同有一种心理现象是可以被大家所理解的。我们知道存在这样一种事物即意识，因为我们能够直接体验到它。不

---

　　① 胡塞尔主张以现象为现象学的对象。他所谓的现象，实际上是人的意识经验。受这一主张的影响，许多心理学家将个人的直接经验或意识确定为心理学的研究对象。——译者注

仅如此，我们还能对意识的部分内容达成共识。多数人都认同情感体验①是意识体验的重要组成部分，因为我们都曾感受过爱、愤怒和恐惧。我们可能也赞同意识能够对图像形成一定的心理投射②，因为如果有人让我们"想象一只达克斯猎犬"时，我们很容易就能做到。当然，现在我们仍然无法证明你脑海中的达克斯猎犬与我想的是否一样，但至少在意识这座大剧院中，我们都会在各自心中放映它的画面。

同样，适应性潜意识之所以很难描述，也是因为我们无法直接体验到它。如果你对我说："回忆一下，你最后一次同别人一起进行无意识设想的情况。"我能回应你的就只有茫然的眼神了。对我们不能察觉到的意识部分进行描述，就如同对肾脏手术或松果体③手术进行描述一样困难。或许比那还要困难，因为我们的磁共振成像机并不能给适应性潜意识拍片子。因此，对不能直接观察到的意识部分进行研究的最好方法是：假设一个人失去了潜意识，然后去探究其后果。

第一节　无法正常起床的"笛先生"

想象一下，周六的早上，某人一起床发现自己患上了一种怪病：他大脑的潜意识部分坏了、不工作了，只能用意识去指导、控制他的思想、感觉和行为——我们可以说这是一个有意识的大脑。那么，接下来他要怎么生活呢？如果我们对三个世纪前的笛卡尔先生提出这个问题，他肯定会告诉我们，那个人

---

① 通过感性来带动心理的体验活动。——译者注

② 指个人将自己的思维、态度、愿望、情绪、性格等个性特征，不自觉地反应于外界事物或者他人的一种心理作用，多适用于心理健康测量。——译者注

③ 位于胼胝体压部和上丘之间，形如松子，淡红色，重约 0.2 克，是一内分泌腺体。在幼年期有抑制性成熟、抑制生殖器发育和阻碍性征出现的作用。（引自朱智贤主编的《心理学大词典》，北京师范大学出版社，1989 年 10 月第 1 版，p644。）——译者注

会与其他人过一样的生活，笛卡尔认为：我们的意识就是我们的所想，根本不存在任何其他心理过程。20世纪初有极大一部分心理学家会认同这种观点（如今仍有一些顽固派支持这种观点），认为根本不存在什么潜意识。为了向笛卡尔致敬，我们暂且把失去潜意识的那个人称为"笛先生"（Mr.D.）。

我们很快就能证明笛卡尔是错误的。没有潜意识的笛先生根本不可能像其他人一样生活，首先，对他而言，起床就很困难。人们都有一种叫做本体感觉的"第六感"，这是一种感觉反馈系统，它持续地接收从肌肉、关节和皮肤传递而来的信号，并将这些信号反馈给我们的身体和四肢，只有通过这种反馈，我们的身体才能适应不断变换的外部环境。例如，当我们举起左臂时，身体的重量会自然地向右边转移，只有这样才能保持平衡；否则，我们会倒向一边，那将是很危险的事情。

现实中也存在这样的案例，因为失去本体感觉而产生了严重后果。内科医生乔纳森·科尔（Jonathan Cole）的病例中就记录了这样一个案例：伊恩·沃特曼（Ian Waterman）在19岁的时候由于意外造成了精神损伤，失去了本体感觉，从此沃特曼先生过着如《绿野仙踪》里的稻草人一般的生活。每当他尝试着站起来时，都会四肢凌乱地倒在地板上；如果紧紧盯着四肢，还能保持不动，倘若目光一离开，四肢就开始不受控制。不过，通过坚持不懈的努力，沃特曼重新获得了控制自己身体的方法，那就是用有意注意取代他的无意识本体感觉。他学会了走路，学会了自己穿衣，他甚至可以开车（高度集中注意力，仔细看着自己）。他必须时刻用目光盯着自己的身体，一旦目光离开身体，危险就会发生。有一天他在厨房忙碌，突然停电了，整个房间陷入一片漆黑，沃特曼先生直接倒在了地板上，因为此时他看不到自己的身体，所以无法控制它们。

事实上，我们几乎完全没有注意到这个至关重要的感觉系统。我们可以站立、闭眼以及保持平衡，但我们并不知晓究竟有多少心理活动参与其中。只有在失去了这些隐藏的本体感觉系统之后，我们才知道它的重要性，沃特曼先生的例子就是很好的证明。

其实，本体感觉只是众多潜意识知觉系统中的一个。潜意识的一个重要功能就是整合、解释感觉器官获得的各种信息，然后把光信号和声波转换成我们可以意识到的图像和声音。例如，我们只看到卧室的椅子比梳妆台离我们更近，但并不清楚大脑是如何将冲击视网膜的光信号转换成这种复杂感觉的。不过可以肯定的是，如果没有这种无意识的转换，我们看到的世界会是由一堆像素点和色彩组成的杂乱体，而不是连贯一致的、丰富多彩的三维图像。

事实上，想象只存在意识思维的情况对我们意义不大，因为意识本身是依赖于那些意识之外的心理过程而存在的。没有潜意识就不可能有意识，这就如同没有精密的计算机硬件和软件系统，我们就不可能在电脑屏幕上看到图像。因此，通过更深层次地拓展我们的思维以及更详细地探索成为笛先生会具备哪些特征，从而证明潜意识思维的重要性，这是有价值的。首先让我们嘉奖一下他对感觉系统的运用，然后看看他还会产生什么影响。

设想一下：一天，笛先生打开电视机，听到新闻里正在播放："昨晚，在距首轮总统预选一年之际，琼斯（Jones）将他的帽子扔向了总统宝座。"如果你听到这段话，肯定不可能每听到一个单词就暂停一下，然后在脑海中搜索出每个单词的意思，再将它们连成句；因为这个句子的意思会直接、快速地反应到你的脑海里。但是，笛先生没有办法直接将这些单词的意思反映出来，他必须很费力地思考每个单词的意思，然后再将它们连成句，因为他得不到潜意识的帮助，所以他必须要有意识地从头脑里搜索每个单词的意思。为了下面的例子，我们先假设他能够直接理解每个单词的意思，那么又会发生什么呢？

毫无疑问，当你听到"琼斯将他的帽子扔向了总统宝座"时，你会理解成是琼斯准备参加总统竞选，你的意识不会考虑这句话的其他含义。你肯定不会这样想：琼斯在马戏团，他觉得那只正在舞动的大象戴着他的软呢帽会比较好看，所以将帽子扔了过去。

当然不会，播音员的意思非常明显。为什么呢？因为播音员在说琼斯扔帽子之前，先说了"在距首轮总统预选一年之际"。只听到"扔帽子"，你可能不明白他的意思，但整句话连在一起听，意思就显而易见了，你就会赋予"扔帽子"以新的含义。整个过程的发生迅速且是无意识的，事实上，你都没有发觉到自己理解了这个有歧义的句子。哎！可怜的笛先生还得先暂停，然后费力地想想每个单词的不同意思，再根据上下文和语境选出最合适的那个意思。当他终于明白这句话的含义时，播音员已经开始播报下一条新闻，关于一股热浪席卷新英格兰的新闻——此刻，笛先生就会百思不得其解，海啸是否会席卷马萨诸塞州呢？

简而言之，那些控制我们知觉系统、语言系统和运动系统的心理过程主要是在意识之外运行，就如同在联邦政府的持续运作中，总统对各部门的工作并非能够事无巨细地了如指掌。但如果这些最底层的行政人员全部休假一天，联邦政府的工作将无法进行，必会陷入混乱。同样，如果一个人的感觉系统、语言系统和运动系统停止工作，人的生活也无法顺利进行。

不过，那些人类特有的高级功能——思考、推理、沉思、创造、感觉和做决定——又是怎么回事呢？其实，关于人的心理，比较恰当的描述应该是：低级心理活动（例如知觉、语言理解）在意识之外运作；而高级心理活动（例如推理、思考）则是有意识的。我们不妨依然使用行政部门来类比，低级官员（无意识思维）负责收集信息和执行命令；高级官员，比如总统、内阁大臣等，则负责分析信息、做出决策并制定政策。这些"大脑的执行活动"是有意识的。

这个描述其实低估了无意识过对人们发挥的作用。为了证明这一点，让我们再做出最后一点让步：假设笛先生能够运用所有"低级的"知觉系统、语言系统和运动系统（多么慷慨的馈赠啊，不仅给了他复杂的语言能力，也让他充分有能力与人快速交流，还能高效地写作和讲话）。那么，其他高级的无意识过程会以某种方式对他造成危害吗？还是说他现在已经拥有一个配备齐全的大脑了呢？

事实上，笛先生的各个生活领域依然会处于不利地位。我们经常归于意识的一些重要工作，也可能在潜意识内完成，比如决定关注哪些信息、解释和评估信息、学习新事物以及为自己设立目标。当马路上有一辆卡车向我们迎面驶来时，我们立刻就能判断出"那很危险"，会毫不犹豫地奋力跑开，我们根本不会先去想卡车为什么会这样。但笛先生没有经历过这种突发状况，他不知道该怎么办；至少在他从关于"卡车和粗心的路人"的相关记忆中费力地检索到相关信息前，他不知道该怎么办。同样，当我们初次见到某人时，会迅速设想一下他是怎样一个人，然后根据经验做出肯定或否定的评价——这在几秒内（甚至更短时间）就能完成。

另外，我们所认为的"笛先生"的很多特质——性情、回应他人的独特方式及个性——都是不存在的。在特质中，很重要的一种能力就是能够运用迅速的、习惯性的方式回应这个社会和世界。这就意味着人们要拥有健康的心理防御系统，通过合理的、适应性的方式抵御威胁。而这种特质系统通常在意识之外运作。

第二节　你所不知道的潜意识

关于潜意识，最简单的定义就是：在某个特定的时间点，你的意识不能察觉到但却存在于你大脑中的一种事物。然而，我们很快就会发现这个定义存在一些问题。设想一下：当我问及你家乡的名字时，在我让你思考之前你肯定就能很容易地将这个名字带入意识内。这是否意味着，你家乡的名字在多数情况下都是潜意识的呢？

这个争论似乎可以延伸出一些东西并突出这样一个问题：将意识等同于注意力或短时记忆。如果是我，当问及我家乡的名字，在没有经过思考的情况下是断不会说出"费城"（Philadelphia）存在于我的潜意识中这样的话。费城这个词可能不在我的工作记忆（working memory）①内，也不是我当前的关注目标，但它也不是潜意识的，至少我不这样认为。在我看来，只要有需要，费城就能

---

① 1974 年，阿兰·巴德利（Alan Baddeley）和格雷厄姆·希契（Graham Hitch）在模拟短时记忆障碍的实验基础上提出了工作记忆的三系统概念，用"工作记忆"替代原来的"短时记忆"概念。工作记忆是一种对信息进行暂时性加工和贮存的能量有限的记忆系统，在许多复杂的认知活动中起重要作用。——译者注

像很多其他词语一样，从长时记忆中随时检索出来。当听到费城、W.C.菲尔兹（W.C.Fields）的玩笑、费城 76 人队 1966—1967 赛季的阵容以及关于奥纶（Orlons）"南街"（South Street）的单词和音乐时，我都会想起它。弗洛伊德将这类思想描述为存在于"前意识"的思想，这些思想会一直待在"精神接待室"，直到"成功博取意识的眼球"。

最有趣的是那些不管怎么努力都无法进入的大脑部分。关于潜意识，较好的定义是：无法进入意识但会影响人们的判断、感觉或行为的心理过程。不管尝试多久，我都无法进入自己的本体感觉系统，或者找到一种方式使我的大脑将冲击视网膜的光信号转换成三维图像。我也很难直接进入很多高级心理过程，比如我们如何筛选、理解和评估即将涌来的信息，我们如何持续设立目标。

众所周知，潜意识是很难定义的，我对潜意识的定义也只是你听过的众多定义中的一种。我不想争辩究竟哪种定义更准确，也不想一一赘述。在我看来，在意识的聚光灯之外，人们能够完成哪些事情，这才是更有趣也更值得研究的方面。

第三节　影响人们行为的潜在力量

"适应性潜意识"这个词是想传达出这样的含义：潜意识思维是一个不断进化的适应性过程，拥有评估、解读和理解环境的能力，快速采取行动并在潜意识内权衡各种环境的生存优势，并最终做出选择。没有这些潜意识过程，我们将很难存活于世（如果没有持续的注意力，很少有人能够站立，就像伊恩·沃特曼先生一样）。这并不是说潜意识思维总会做出精确的判断，但从保持平衡的角度来看，它对我们的生存至关重要。

在某个特定环境下，我们的五官能够接收超过 11 000 000 条信息。科学家们通过计算每个感觉器官拥有多少接收信息的细胞以及将信息从细胞传送到大脑的神经的数量，从而得出上述数字。单是我们的眼睛，每秒钟就能够接收并向大脑传送 10 000 000 个信号。通过观察人们的阅读速度、人们如何有意识地侦测不同的光反射以及分辨不同的气味等方面，科学家们试图研究在特定时间内我们究竟能有意识地处理多少这样的信号。最大胆的估计是：每秒钟只能有意识地处理 40 条信息。想一想：我们每秒钟能够接收超过 11 000 000 条信息，而我们只能有意识地处理其中的 40 条，那么，剩下的 10 999 960 多条信息会怎么样？这也太铺张浪费了吧，大脑一方面有着如此令人难以置信的高敏感度，另一方面运用信息的能力却如此之小。不过幸运的是，我们还可以在意识知觉之外充分利用大量的信息。

学习：模式[①]检测器的适应性潜意识

假想一下，有人介绍你认识一位因脑损伤而患有失忆症的人。器官性失忆症多是由于脑外伤引起的，比如在车祸中脑部受损、脑手术失败、老年痴呆症和健忘综合征（由于慢性酒精滥用而引起的脑损伤）等。这些情况都能够引起不同种类的记忆障碍，这主要取决于大脑受损的具体部位。然而，它们都会让患者无法根据新的经历来形成记忆。

如果你遇到这样的人，可能不会立刻看出他（她）患有失忆症。因为失忆症患者往往会保持一定的智力水平和人格特质。然而，当你和他（她）聊天时，突然有事要离开房间，等到一小时后你再回到他（她）面前，就会发现他（她）根本不记得刚才和你见过面、聊过天。当然，每个人都会有偶尔的记忆缺失，比如突然间想不起你刚见到的那个人的名字等。但是对于失忆症患者来说，最大的问题在于他们不能有意识地回忆起任何新的经历。

注意上述句子中的关键词——"有意识的"。也就是说，失忆症患者能够无

---

① 广义地说，存在于时间和空间中可观察的事物，如果我们可以区别它们是否相同或是否相似，都可以称之为模式。但模式所指的不是事物本身，而是我们从事物获得的信息。因此，模式往往表现为具有时间或空间分布的信息。——译者注

意识地学习很多东西。关于这方面，有一个非常著名的案例，它是由法国内科医生爱德华·克莱帕瑞德（Fdouard Claparède）提供的。爱德华医生每次去看望那个失忆症患者时都必须重新进行自我介绍，因为她回忆不起来自己曾经见过爱德华医生。一天，爱德华医生像平常一样与她握手，但这次医生在手里放了一根小针头。当患者和医生握手时，由于感觉到刺痛，她迅速缩回了手。事后，当爱德华医生再次来看望这个患者的时候，她还是不记得爱德华医生是谁，因此医生又做了一次自我介绍，然后伸出手要与患者握手。然而，这次女患者拒绝与他握手。虽然她不能有意识地回忆起自己见过爱德华医生，但她就是莫名其妙地"知道"：和这个男人握手不安全，手会刺痛。爱德华医生还在这位患者身上发现了许多这种无意识学习的例子，比如：她不能有意识地记起自己生活了 6 年的医院的格局。当你问她如何到达洗手间和餐厅时，她答不出来。但是，当她自己想去那些地方时，她能够直接找到目的地而不会迷路。

还有许多关于人们在无意识情况下获取新信息的例子。人们在全身麻醉的情况下，也能理解和记住一些信息。研究表明，尽管在麻醉状态下患者不能有意识地知道医生究竟说了什么，但倘若在手术过程中医生告诉患者"会很快康复"，那么，这些患者将康复得更好、更快。

这些例子都说明内隐学习和外显学习存在差异性。外显学习需要辛勤的努力，有意识地记忆一些我们本不喜欢的东西。当我们想到要学习的东西非常难时——比如外语、如何组装燃气烧烤炉——经常会先抱怨，觉得那会是一件痛苦的事情。为了完成任务，我们需要长时间集中注意力，动用所有的有意注意去学习单词表，或者花很长时间学习如何把图 A11 上的软管和图 C6 上的燃烧炉连在一起。

因此，会有一个好消息，即我们无需任何努力就能内隐学习到大量的复杂信息，就像爱德华医生的病人知道如何去餐厅一样。内隐学习是指不需任何努力，无意识进行的学习。关于这种学习，最好的例子就是孩子们掌握和学习母语的过程。孩子们不用花时间去学习单词表，不用上课学习语法和句法，他们可能不知道什么叫做分词，但他们却能够流利地使用母语。人们学习说话根本不需要额外的努力和注意力，是无意识学会的。

内隐学习只是适应性潜意识的一种重要功能。我们不应该将其过分单纯化。内隐学习的实质以及它与外显学习的关系仍是一个备受争议且进行过多次研究的话题。但不管怎样，适应性潜意识能够学习一些复杂的信息，并且在一些情况下比有意识学得更好、更快。

关于内隐学习的另外一个最好证明是由帕维尔·勒维克（Pawel Lewicki）、托马斯·希尔（Thomas Hill）和伊丽莎白·比佐特（Elizabeth Bizot）进行的研究。被试的任务是观察被分为四个象限的电脑屏幕。在每个实验中，字幕 X 会出现在一个象限里，被试通过按下四个不同的按钮表明 X 究竟在哪个象限内。事前被试并不知道字母 X 是根据一种复杂的规则被分为 12 块的。比如，在同一组中，X 不会在同一个地方出现两次；第三次的位置取决于第二次；第四次的位置又是根据前两组实验决定的；字母 X 唯有在至少两个不同的象限出现才会回到初始位置。尽管这些规则很复杂，但被试们还是学到了些什么。随着时间推移，被试们的表现越来越好，当 X 出现在屏幕上时，他们能够越来越快并且越来越准确地判断出 X 的正确位置。但是，没有一个被试能够说清楚规律到底是什么，他们甚至不知道自己究竟学到了什么。

事实上，他们是在潜意识中学习到这些规律的，这一点在下一个实验中能够得到证明。研究者们突然改变了字母 X 的出现规律，也就是说，被试们原先学到的规律现在失效了，于是被试的表现突然就变差了。他们要花费很长时间去判断 X 的位置，并且错误百出。尽管被试们都知道自己的表现变差了，但却不知道为什么会这样。他们都没有意识到原先学习到的规则已经失效。相反，他们都在有意识地寻找能够解释自己表现变差的原因。

顺便提一下，这些被试都是心理学教授，他们清楚地知道这项实验涉及无意识学习。尽管知道这些，他们仍然不清楚自己是怎么学习到这些规则的，也不明白自己的表现为何会突然变差。其中有三位教授说他们的手指"突然间不听使唤"，另外两位教授则认为实验人员在电脑屏幕上闪现了会分散人注意力的图片，这些图片还是下意识呈现出来的。

众所周知，被试在这项实验中学到的规律是很难通过有意识学会的。勒维克、希尔和比佐特的研究能够证明：有些情况下，适应性潜意识比我们的意识更有效、更有用。再回到笛先生的例子中，现在我们应该知道，没有潜意识，笛先生是不可能快速、有效地学会各种复杂模式的。

注意和选择：潜意识过滤器

前面已经提到，我们的感觉每秒钟能够探测到 11 000 000 条信息。就像你在阅读这本书的同时还能听到其他许多声音，如钟表的滴答声、窗外"呼呼的"风声等。你不仅仅能够看到本页上的单词，还能看到身边其他书（桌子上的或者衣服下的）的页码和封面。你能够感觉到手中捧着的书的重量和脚踩在地板上的力量。当然也别忘了嗅觉和味觉，你还能闻到咖啡的芳香，也许还会回想起午餐吃的金枪鱼三明治，可能还会感觉头晕呢。

上述这些还仅仅是你安静地坐在一个地方时所接收到的信息，如果我们身处地铁站和公园，又会怎样？显然，我们会获取更多信息。那么，在这些相互交叉的信息干扰下，你要怎么阅读和理解这本书的内容呢？我们怎样理解威廉·詹姆斯（William James）那句经常被引用的名言呢——我们的感觉会陷入"一片极度模糊、叽叽喳喳的混沌"中？

我们之所以能够做到这些是因为选择性注意。我们应该庆幸可以拥有选择性注意，它能够检查感觉器官获得的信息，决定让哪些信息进入意识内。根据需要和自己的决定，我们能够在一定程度上有意识地控制这个信息过滤器上的"装置"，例如我们能够不听广播里的音乐，而是在路边寻找我们喜欢的快餐店。然而，这个过滤器的运行——为了进一步加工信息，我们如何对它们进行分类、排序以及筛选——发生在我们的意识之外。这是一件非常好的事情，它能够让我们集中精力做手头之事，比如要找到一个吃午饭的地方，而不是听广播里史摩基·罗宾逊（Smokey Robinson）的歌。

潜意识过滤器不仅仅能使我们在某一时间将有意注意集中在一件事情上，它还能够监控那些我们未注意到但发生重大事件时我们又应该知道的事情。例如，在一个拥挤的鸡尾酒会上，除了你正在进行的交谈，你还能够屏蔽你周围的其他谈话。这一点不可小觑，因为它对我们的选择性注意太重要了。当距你3米之外的西德尼（Sidney）向他的同伴提起你的名字时，你会怎么样？你会突然转移注意力——当听到有人谈论自己的名字时，你的耳郭会突然张开。和这个有异曲同工之妙的例子就是：想一想"大脑如何运行"的奇妙含义。无意识思维就好比电脑上浏览网页的程序，我们看不到它，但是当它遇到令我们感兴趣的信息时，就会给我们发"电子邮件"。当我们感兴趣的事情发生时，我们大脑的某个部位会扫掠一下不能吸引我们注意力的东西，并将注意力转向我们感兴趣的事情上。当你的潜意识过滤器听到西德尼在滔滔不绝地谈论他的胆囊手术时，它决定不理会。但是当听到西德尼提到你的名字时——潜意识过滤器会迅速地、直接地将这个信息传递给你的有意注意。没有潜意识的这种监控和过滤功能，我们的世界将会同笛先生的一样，陷入"一片极度模糊、叽叽喳喳的混沌"中。

解释：无意识翻译器

许多年前，我在女儿的家长会上遇到了一个叫菲尔（Phil）的男人。我一看到他，就想起妻子告诉过我的关于菲尔的事情，妻子说："菲尔真是家长会上的大麻烦。他从不听别人讲话，总是打断别人的谈话，总是自顾自地谈论自己想说的内容。"我很快就明白妻子这样说是什么意思了。当校长在介绍一个新项目时，菲尔打断了校长的讲话，不断地询问他的儿子能够从中获得什么好处。随后，菲尔又与别的家长争论美国专利商标局（PTO）应该如何进行资金募集，他似乎从不乐意考虑自己的观点是否正确。

那晚回到家，我对妻子说："关于菲尔你说得真对，他真是一个粗鲁、自大的家伙。"妻子疑惑地看着我说："我说的那个人不是菲尔，而是比尔（Bill）。

菲尔是一个非常优秀的人，他还是学校的定期志愿者呢。"听了妻子的话，我感觉有些惭愧，又仔细回想了一下家长会的情况，发现菲尔好像确实并未打断过任何人的谈话，也没有与任何人争论过（包括我）。再仔细想想，菲尔似乎也没有真正打断校长的讲话。我认为他粗鲁、具有攻击性，事实上他热情、友好，还在家长会上积极提出自己的看法——对此我深感内疚。我的解释只是对某种行为的一种无意识建构，关于这一行为也存在多种解释。

众所周知，第一印象非常重要，即便它是基于错误的信息。适应性潜意识对此类信息的解释能到何种程度，这可能不太明显。当我看到菲尔打断校长的讲话时，我感觉自己似乎正看着他粗鲁的个人行为。我并不知道，其实是我的适应性潜意识在解释菲尔的行为，并最终让我把它认定为事实。因此，即使我意识到自己对菲尔的预期（他就是傲慢的人），我也不知道这种预期究竟会在多大程度上影响我对他行为的解释。

约翰·巴奇和葆拉·彼得罗莫纳科（Paula Pietromonaco）的实验使我们能够明确认识这种潜意识，在他们的实验中，被试们并不知道他们对某个人有预期。研究者通过在潜意识层面对被试放映一些文字来激活被试的某种人格特质，他们发现被试在随后会运用这种特质来理解其他人的行为。作为知觉研究的一部分，被试会判断电脑显示器的闪烁是发生在屏幕的左边还是右边。他们并不知道，闪烁只是非常短暂（十分之一秒）的文字显示，它们很快就会随着 X 射线消失。由于这些文字闪烁的非常快，而且被 X 射线"掩饰"，所以被试们并不能发现这些文字的存在。

一种观点认为，80%的闪烁文字是带有敌意的，比如"不友好的"、"辱骂"以及"苛刻"。另一种观点则认为，没有一种文字是充满敌意的。接下来，被试们参加了一个实验，他们事先并不知道这个实验是关于他人如何给人们留下印象的。他们读了一段描写唐纳德（Donald）的文字："一个促销员在敲唐纳德的门，但却被拒之门外。" 在某种程度上，他们认为唐纳德是坏人。

与没有看到带有敌意的闪烁文字的人相比，看到带有敌意的闪烁文字的人更认同唐纳德是一个充满敌意和不友好的人——就像我认为菲尔的行为是粗鲁的，也是因为妻子对他的印象影响了我。我们可以确定，在约翰·巴奇和葆拉·彼得罗莫纳科的研究中，这种过程是在潜意识的情况下进行的，因为人们在研究中并没有意识到他们之前看到过带有敌意的文字。他们认为唐纳德在客观上就是一个不友好的人，但并没有察觉到他们将唐纳德这种模棱两可的行为理解为不友好是因为之前看到的文字。（这个实验强调了人们潜意识的影响力，那么广告中的闪烁文字是否会对人们的态度和行为产生影响呢？我们将在第九章探讨这个问题。）

这种适应性潜意识更像是一个守门人，决定哪些信息可以进入意识。他们也像是高级顾问，解释意识之外的信息。我们做的最重要的一个判断是关于他人的动机、意图以及倾向的，很快做出这些判断对我们是有利的。菲尔的例子表明，有时这些理解是建立在错误的信息（比尔和菲尔混淆了）上，因此是不准确的。虽然如此，这种适应性潜意识在理解别人的行为方面却经常发挥有效的作用。

感觉和情绪：作为评价者的适应性潜意识

到目前为止，潜意识看起来更像是一个冷酷无情的世界解读者，它追踪着冲击我们感官的信息，挑选用于进一步意识加工的信息，并尽它所能来理解这些信息的含义。那些对适应性潜意识的描述在今天看来依然是准确的，当然，除了那些把它比作火神和一种没有人的情感的星际迷航物种的描述除外。事实上，任何事物都会离真理越来越近。适应性潜意识不仅能够选择和理解，它还能感觉。

在很多传统科幻小说中，人类的情绪被看做是进行有效决策的累赘。同人类相比，机器人是更好的思想者和决策者，因为它们没有情绪的羁绊。在故事的结尾，我们会发现人类永远不会与机器人交换生活。尽管情绪会使我们丧失理智，甚至做出错误的决定，我们仍然愿意为了达到爱、激情和艺术的满足而牺牲精密度和准确度。有谁愿意像机器人那样呆板无情地活着呢？

这些故事是为了讽刺那些低估感觉在思考和决策中的价值的人。现在我们要澄清，感觉是有用的，它并不是阻碍决策的累赘。尽管有些时候，情感会蒙蔽我们的逻辑能力，导致一些错误的决策。甚至有些人会被一时的激情冲昏头脑，抛弃自己的家庭，追随一个摩托车团伙的古怪头目。在很多情况下，我们的感觉或许会引导我们做出一些错误的决定。而且能够证明，适应性潜意识最重要的功能就是形成这些感觉。

安托万·贝沙拉（Antoine Bechara）、汉娜·达马西奥（Hanna Damasio）、丹尼尔·特瑞纳（Daniel Tranel）和安东尼奥·达马西奥（Antonio Damasio）做了一个实验。他们开发了一种赌博游戏，让被试从四张桌子上任意选择一张卡片。选择 A 和 B 桌子上的卡片可能会赢很多钱，也可能输很多钱，如果一直玩，就会亏损，而在 C 和 D 桌子上的卡片是小金额的输赢，如果持续玩，会赢钱。问题是，人们要花多长时间才能明白选择 C 和 D 桌子上的卡片才对他们更有利呢？他们是怎样做到的呢？为了解决这个问题，研究者从三个方面进行测量：被试选择哪一张卡片，他们选择卡片的原因描述，他们在做选择时的皮肤电导水平。（皮肤电导，利用人的皮肤为导体传递电流，来测量人们每分钟的出汗量，它是测量人们生理唤起的瞬间水平或情绪的有效工具。）

当四个桌子上的卡片都选完后，一般的被试会开始有意识地选择 C 和 D 桌子上的卡片，不去选择 A 和 B 桌子上的卡片——但却无法口头表达清楚他们在做什么。也就是说，他们似乎没有在意识层面觉察到有两张桌子上的卡片比其他两张要好。接下来会发生什么呢？他们会不会不选择 A 和 B？在几次尝试之后，被试在考虑是否选择 A 或者 B 的过程中，皮肤电导显著增强，警告他们选择这个是错的。他们的适应性潜意识发觉桌子 A 和 B 上的卡片有风险，并能在意识知道这一切之前诱发一种"直觉"。

研究者还对一些大脑腹内侧前额叶区损坏的人进行了研究。大脑腹内侧前额叶区是在鼻梁后面一个很小的区域，它左右着直觉的产生。这部分区域损坏的人，在思考 A、B 桌子时，皮肤电导不会增强。他们继续做着错误的选择（继续输钱）。安东尼奥·达马西奥和同事认为，前额叶皮层的受损，会使潜意识既不能习得经验，也不能引导人们进行回应。可悲的是，这种能力的缺失带来的后果远比在实验室赌博任务中没有学会赢钱的后果更严重。达马西奥整理了几个有关前额叶损坏的人的案例后发现，由于他们的潜意识思维缺失形成直觉（指引他们进行判断和决定）的能力，所以他们的生活变得相当混乱。

潜意识的目标设定

假设你正和你10岁的小侄子打网球。你需要决定是要尽全力赢得这场比赛（这样可以满足你体育竞技的欲望），还是让你的侄子赢（这样可以体现出你是一个亲切和蔼的叔叔）。你会怎样选择呢？在深思熟虑之后，你的意识做出一个决定：你认为在这个时候做一个好叔叔比做安德烈·阿加西（Andre Agassi）^①更重要。

有时，我们真是这么做的。意识的一个最重要特征就是目标设定；我们或许是地球上惟一能够自觉考虑自我和环境，并且为未来制定长远计划的物种。但是只有意识可以进行目标设定吗？

约翰·巴奇、彼得·戈尔维策（Peter Gollwitzer）和他们的同事认为，环境中的事件完全可以在意识之外触发目标并指导我们的行为。正如其他各类想法可以变成习惯性的、自动化的、无意识的，目标的选择同样如此。或许你过去的多次网球经历是通过"自动化驾驶仪"（潜意识层面）进行目标选择。你想都没想就决定让你的侄子赢。与其他想法相比，这种自动化的目标选择在效率和速度方面都占有巨大的优势。你不需要在每场网球比赛前花时间去考虑你该怎样打，你的自动化目标选择器已经为你选择好了。[比如，"如果和小辈亲戚比赛，就不必全力以赴；如果跟街上讨厌的奥格尔索普（Oglethorpe）比赛，就要像打温网决赛一样。"]

但效率和速度是要付出代价的。如果我们有意识地进行思考，适应性潜意识就能从我们可以达到的目标中选出不寻常的一个。你或许会发现，在比赛中，你总是频频使用高难度的发球技术和吊高球技术，弄得你的小侄子很沮丧，这是因为你的竞争性目标被触发了，而你却没有意识到。更糟糕的是，适应性潜

---

① 美国前职业网球运动员。——译者注

意识会去实现那些人们完全没有意识到、也没有经过深思熟虑的目标，就好比他们渴望获得性是为了满足一种权力的需要。

巴奇和他的同事举例证明了这一点：一些男性在权力和女性的吸引力之间存在一种潜意识的关系。他们发起了一项研究，在男性大学生中定义了关于权力的概念，来观察这是否会影响他们对女性大学生吸引力的判断。这些男性被试并不知道这个研究是关于权力或者性吸引力的。他们以为自己是实验者的助手，来参加对女性同伴的视错觉①调查。在实验中，他们要用 16 个单独的字母进行填空，以便组成完整的单词。其中 6 个字母只能组成与权力有关的单词，如 Bo_s（boss），_ _NTROL（control），AUT_ _R_T_（authority）。这只是初始阶段的任务：完成单词的填空使得"权力"的概念更加深入人心。通过填充单词的练习，被试对他们女性同伴的吸引力进行了评价。在关于性侵犯的测试中得到高分的男性，认为权力概念与女性吸引力之间有很紧密的联系。（而其他男人则没有将"权力"与女性的吸引力联系起来。）更有趣的是，这些男人并不知道他们做的填充单词练习和女性吸引力之间存在联系。

当男人被指责有性骚扰时，他们通常会说："没那回事。" 从巴奇和他同事的研究中可以看出，从字面上来说这或许是真实的：男人或许根本没有意识到他们实施了性侵犯，因为他们虽然在潜意识内认为权力和性之间有联系，但他们并不知道这种联系是自动发生的。这种意识的缺失，使得对性侵犯的防范变得更加困难。处于领导地位的男人或许会认为他们对待女性下属的行为是出于好意，因为他们并没有意识到他们的感觉是由他们的权力地位触发的。

---

① 当人观察物体时，基于经验主义或不当的参照形成的错误判断和感知。我们在日常生活中遇到的视错觉的例子有很多。比如，法国国旗红白蓝的比例是 35:33:37，而我们却感觉三种颜色面积相等。这是因为白色给人以扩张的感觉，而蓝色则有收缩的感觉，这就是视错觉。——译者注

第四节　人们为什么总是自我感觉良好

在我们的精神世界里，适应性潜意识扮演着执行者的角色。它搜集、理解、评估信息，并且快速而高效地持续设立目标。这是一项非常棒的心理技能，如果我们像笛先生那样失去这种能力，我们会发现每天过的很煎熬。但是，适应性潜意识是如何决定选择对象，如何进行理解和评价以及决定持续设立的目标有哪些呢？总而言之，适应性潜意识是如何运行的？

毫无疑问，潜意识为了具备适应性，必须关注对世界的准确评价。正如夏洛蒂·勃朗特（Charlotte Brontë）在《简·爱》（*Jane Eyre*）中所写的那样："热情可以狂野地肆虐，像真正的异教徒那样，因为它们是异教徒；欲望也可以想象出种种空幻的东西；但是，判断力将在每一场争论中裁决，在每一个决议中投票。"有机体为了寻找食物、躲避危险、繁衍后代，就必须准确地认知他们的世界，否则他们将会灭绝。早期的灵长类动物认为，老虎是"有趣的宠物"，可食用的植物是"吓人的、讨厌的东西"，因此他们存活的时间不长。那些能很快发现危险和机遇的人占有很大的优势。例如，在贝沙拉的卡片实验中，人们似乎能下意识地发现哪一个桌子能获得较高的赌资，但是却不能用语言描述为什么他们选择 C 和 D 桌子。仔细想一想，其实我们每天都有获得这种能力的优势。我们的意识总是很久才能发现最好的行动，所以我们的潜意识帮助了我们，并且发出信号（比如直觉）告诉我们要做什么。

我们的潜意识能快速地对社会做出最准确的判断，这虽然是件好事，但是人们不可能只靠准确性生活。有太多的信息需要分析，很显然，我们善于对信息进行优劣排序，发现哪些是需要我们关注的，哪些是可以忽视的。

想象一下，一个校级篮球运动员，在一场重要比赛结束前一秒还在球场上运球。他需要分析很多因素——寻找对方的防御缺口，注意到他的队友正站在右侧边线处，明白他比防守他的对方队员打得好。对于每一个人来说，在这种关键时刻处理如此复杂的信息并快速采取适当行动都绝非易事。然而，我们更愿意相信，人们至少可以将注意力快速集中在最重要的事情上。想一想篮球运动员可能关心的事情：第一排的球迷在喊什么，拉拉队队长在表演什么新的队列。事实上他已经很渴了，需要喝水，到明天他就能为校篮球队创造一项新的历史。可他并没有考虑这些，他的注意力就像剧院里的聚光灯似的，聚焦在舞台的中心，让周围的一切都处于黑暗中。

那些前额叶皮层[1]受损的人，很难确定他们应该关注的焦点。一名大脑前额叶皮层受损的校级篮球运动员，或许会拥有非常娴熟的运动技能，但却让观看者很失望。在比赛的最后一秒，他很有可能把球扔下，蹲下把鞋带系紧点，又或者与第三排的球迷聊天。达马西奥列举了一个商人的例子，在一次脑瘤手术中，他的前额叶皮层受损了。但是这个人仍然很聪明，他可以阅读并分析复杂的商业报告。但是他不能判断任务间的轻重缓急。他可能会花一整天时间整理办公桌上的抽屉，并认为这比完成当天的报告更重要。

那么，正常人是如何从相关信息中做出筛选的呢？之前我讲过鸡尾酒会的例子，我们不会在意西德尼对他胆囊手术的讲述，但是当他提到我们的名字，以及一些与我们有关的信息时，我们会潜意识地关注它，将它列为 "A" 级重要。达马西奥所列举的那个商人，似乎不能在他所面对的不同任务之间识别出与自我相关的那部分——他没有意识到完成报告比将文件夹放到合适位置更重要。

但事实证明，自我相关性并不是描述适应性潜意识如何决定信息重要性级别的恰当方式。相反，这种决定取决于一种特定的想法或类别如何可进入意识内。"可进入性" 是一个技术心理学术语，它指代记忆内信息的活化超电势[2]。如果信息在

---

[1] 初级运动皮层和刺激运动皮层以外的全部额叶皮层。电刺激前额叶皮层不引起任何运动反应，故称为非运动额叶区。——译者注

[2] 在许多电化学反应中，电极上有电流通过时，所表现的电极电势（I）跟可逆电极电势（r）之间偏差的大小（绝对值），叫做超电势（曾用名 "过电势"）。当有电流通过时，由于电化学反应进行的迟缓性造成电极带电程度跟可逆情况时不同，导致 I 偏离 r 的现象，这部分偏差叫活化超电势。一般金属离子在阴极上被还原时，活化超电势数值都比较小。但有气体析出时，例如阴极析出 H_2，阳极析出 O_2 和 Cl_2 时，数值就较大。——译者注

活化电势中的数量高涨，它就会"通电"并且准备好被利用；当信息在活化电势中的数量减少，就不会被用来选择和理解某个人所处环境中的信息。"可进入性"不仅由一种类别的自我相关性决定，还受这种类别最近出现频率的影响。例如，在之前提到的巴奇和彼得罗莫纳科的研究中，"敌对"的概念可进入人们的意识，因为这个单词几分钟前就在他们脑海中闪过，并非因为这个概念具有自我相关性。

"可进入性"的另一个决定因素是一个概念在过去的使用频率。人类是拥有习惯的生物，假如在过去他们使用某种特定方式认识世界，这种方式运用的频率越高，这种概念就越容易"被活化"。我们的无意识思维长期采用一种方式来理解周围环境中的信息；用心理学术语来讲，人的主要想法和概念类别之所以可以"习惯性可进入"意识内，是因为它们在过去被使用的太频繁。大学篮球运动员之前参加过上百场今天这样的比赛，已经知道哪些信息需要关注，哪些可以忽略。他注意到前锋不能绕过掩护，中锋正在抢球，而且比后卫抢先一步——他并没有花时间考虑这个信息是否比拉拉队队长正在做什么更重要。

适应性潜意识并不仅仅取决于准确性和可进入性。人们的判断力和理解力经常因为关注的事情不同而南辕北辙。也就是说他们想用自己的方式评价世界，这种渴望使他们感到很愉快——这就是"感觉良好"的准绳。简·爱从她的阿姨里德小姐（Reed）身上发现了这种动机，在她阿姨临终前，她去探望她："她那石头般冷酷的眼睛，温柔不能使它感动，眼泪不能使它溶解。从她的眼睛中我看出她决心到最后一刻都还认定我是坏的；因为如果承认我是好的，那么给她带来的将不是宽厚的快乐，而只是一种屈辱的感觉。"

里德小姐的例子是社会心理学使用时间最久的案例之一，人们长期使用一种方式看待世界，并因此保持好心情。我们是能言善辩的高级顾问、合理化[①]者以及信息受到威胁时的辩护者。丹尼尔·吉尔伯特（Daniel Gilbert）和我将这

---

① 合理化是防御机制的一种，又叫合理化机制，是精神分析的一个专业术语。合理化机制是指当我们有一种需要或动机，如果我们意识到它是不能忍受的，于是我们就找一个理由来为自己辩护，以免除内心的不安。如有潜意识同性恋冲动的人会借口忙于事业不谈恋爱，婚后又借口身体不好或练气功而逃避性生活。——译者注

种能力称为"心理免疫系统"。就像我们拥有一个强大的身体免疫系统，保护我们的身体免受威胁、保持健康，我们还拥有一个强大的心理免疫系统，使我们的心理远离威胁、保持健康。如果我们的心里能感受到愉悦，那我们每一个人都能成为首席高级顾问。

受西方文化熏陶的人们强调独立型自我，倾向于通过夸大自己的优越性来增强自己的愉悦感。受东亚文化影响的人们更重视互动型自我，他们更强调自己与团队成员之间的共性，也就是说，他们不大有可能采取策略去促进积极的自我观，因为他们很少将自己作为单一个体与他们所处的社会群体相分离。事实上，潜意识这一高级顾问的出现是为了使我们保持愉悦感，尽管它们的表现形式不同。我们的愉悦感取决于我们的文化、人格以及自尊水平，但是对"良好感觉"的渴望，以及通过潜意识思维满足这种渴望的能力，或许是普遍存在的。

在何种程度上，心理免疫系统是适应性潜意识的一部分？有时我们意识里希望拥有一种"好心情"，比如躲避一个总是批评我们的熟人，或者试图说服自己：没有得到晋升不是因为我们自己不够好，而是因为老板是一头大傻牛。尽管我们知道适应性潜意识在选择、解释和评价即时信息时发挥重要作用，而适应性潜意识遵循的规则之一是"采用使我们感觉良好的方式来选择、理解和评价信息"，对此我们无需感到惊讶。更有甚者，我们完全有理由相信，与意识相比，适应性潜意识是一名更好的高级顾问。正如弗洛伊德指出的，心理防御机制在我们心灵舞台的幕后进行操作时，通常会达到效用最大化，它使我们看不到"扭转①在持续发生"这一事实。如果人们知道，自己改变信念只是为了使自己感觉更好，这种改变将不会那么吸引人。

一个关键性问题是，准确性和"感觉良好"这两个标准如何共同发挥作用，因为它们经常是相互矛盾的。回想一下杰克的例子，他没有晋升到自己预期的职位。如果准确性是他的惟一衡量标准，杰克或许会认为是自己经验不足或者能力不够，不能胜任新的职位。同样，如果他运用"感觉良好"准则，他会认为老板是个白痴。

---

① 无意识的冲动转变为可被有意识的感知或梦觉所接受的形式。——译者注

但他是真的喜欢自我恭维并指责自己的老板吗？如果他确实没有足够的经验和能力胜任这份工作，那么放下自己的傲慢并更加努力工作是不是会更好呢？

"对准确性的需要"以及"对自我感觉良好的渴望"之间的冲突是关于自我的一个主战场，这场战斗如何发动以及谁会赢，全都取决于我们是谁以及我们的自我感觉如何。"赢得"这场战斗，即成为一个健康的、适应性较高的人，最好的方式并不总是显而易见的。当然，我们必须看清事实，并清楚自己的实力是否足以提升自我。事实证明，自欺对我们也是有帮助的，可以使我们保持一种积极的自我观和未来观。

第五节　凡有所得，必有所失

现在我们知道，由于潜意识过程的缺失，笛先生将会出现能力障碍。他不仅会丧失较低级的心理能力，如知觉，还会严重损坏高级的认知过程。适应性潜意识在学习、选择、理解、评价以及目标设定方面都发挥着积极作用，这些能力的缺失将会造成毁坏性的后果。

但事实上，虽说潜意识过程是适应性的，可并不意味着它的判断总是毫无差错。原因之一就是，人们不可能一直准确评价这个世界；一种安慰式的自欺可能也是有用的。

另一个原因是，一种特质或心理过程的进化虽然源于自然选择，但这并不意味着潜意识是一个完美无缺的系统，它也需要改进。人类的视觉系统赋予我们生存的优势；在过去的进化中，视力好的人比视力弱的人生存得更久。然而，人类的视力也不是完美无瑕的；当然，如果我们能像猫头鹰那样在夜间看清东西，或者以 4.0 的视力取代 1.0 的视力，我们会生存得更好。同理，尽管潜意识的思维过程通常都是有益的，但并不是完美的。

再者，很多占优势的特质都具有两面性：通常情况下它们是有益的，但它们所带来的"副产品"却并非如此。人类的视觉系统受到可预见的视错觉的困扰，这并不是因为错觉本身具有适应性，而是因为他们是视觉系统的"副产品"。同样，很多形式的潜意识思维过程（比如，对事物进行分类的能力以及在遇到模棱两可的信息时，人们能快速准确地进行选择的能力）所带来的优势同样会产生负面效应（例如，倾向于对人们进行类别划分，从而导致一定的思维定式和伤害）。另外，由于我们的大多数心理活动都发生在意识之外，所以我们通常不知道该如何审视这个世界，甚至不知道我们自己特质的本性。我们将会看到许多例子，都是关于我们为拥有高效而复杂的适应性潜意识而在自我洞察上所付出的代价的。

　　然而，我们最应该首先思考一下潜意识思维和意识思维的差异。我们认为的很多潜意识过程，比如评价和目标设定，意识同样可以做到。如果潜意识思维的功能如此复杂和广泛，那么意识的功能又是什么呢？意识和潜意识系统在基本运作方式上有区别吗，或者说他们是在执行相同的任务吗？

第三章
谁在掌控

  我们似乎总感觉意识在控制着自己的行为，所以你可能会问：为何会这样？通常，我们每产生一个想法，就会紧跟一个行动，并认为是想法催生了行动。事实上，这个潜意识动机，可能已经产生了意识的思想和行动。例如，我决定从沙发上站起来去吃点东西，似乎是一个意识的行为，因为在我站起来之前会意识到："如果现在有一碗草莓味的麦片该多好。"然而，很可能是我潜意识内产生了吃东西的欲望，才使我想到麦片并走进厨房的。既然如此，那真正的掌控者又是谁呢？

　　我们越是把生活细节问题交给毫不费力气的潜意识来保管，我们的心里就会释放越多的强大能量，从而完成本职工作。

　　　　　　　　——威廉姆·詹姆斯《心理学原理》（*Principles of Psychology*）

　　几乎没有人会质疑威廉姆·詹姆斯对于智力劳动划分的观点。如果人们将自己的时间消耗在呼吸、语言理解以及感知物质世界等琐碎事情上，那么他们将会一事无成。但关键的问题是，我们应该将哪些事情交给无意识思维。詹姆斯似乎暗示，我们将日常生活琐事委托给无意识思维，就好比办公室主管将细节工作交给下属去完成，自己则集中精力处理重大事件。对于一个 CEO 来说，对公司的发展做长远规划远比清洁办公大楼更具价值。

　　但是，我们的无意识思维也不仅仅是房屋管理员或者基层管理者。正如我们所知，人们通常认为意识能够从事的"合适工作"（目标设定、解释和评价等）通过潜意识也可以完成。我们一旦认为人们可以无意识地进行复杂思考，随之就会出现一个关于意识加工与无意识加工的问题：智力劳动分工中这两种意识之间的区别究竟是什么？意识真的是 CEO 吗？到底谁才是掌控者？

或许潜意识和意识系统是遵循同样的规则，并以同样的方式在运行（在起作用），这种观点认为人类很幸运，因为拥有两个丰富的系统，就像现代喷气式飞机拥有一个备份系统以防另一个出故障一样。我们拥有两个信息处理系统，这或许跟我们拥有两个肾脏和肺有关。良好的心理对我们的幸福如此重要，这种观点认为，我们已经开发出两个丰富的思维系统，有足够的能力承担完全相同的职责。如果其中一个系统出现故障，则由另一个系统来顶替。

但这显然不可能。尽管弗洛伊德低估了潜意识的复杂性和稳定性，但他承认潜意识自我与意识自我存在差异，这点毋庸置疑。这种差异通过有趣的方式得以进化，使两个信息处理系统发挥着不同功能。

第一节　我们到底是什么样子的

选择压力①同时作用于心身，大多人都会赞同这一假设。事实上，人类的大脑与其他灵长类动物的大脑相似绝非巧合，因为两者的进化历程极为相似。事实上，额叶皮层比例最大的是类人猿，最小的是猿猴类，如狐猴和眼镜猴，当然这取决于自然选择②的力量。

我们要了解这样一个事实，我们是何时开始尝试了解思维的本质，例如，意识思维和无意识思维的角色的？从进化的角度讲，潜意识思维出现的时间要比意识思维更久远，这一假设是合理的。也就是说，与无意识相比，意识可能是一个较新的系统，所以两者发挥不同的功能。无意识符合早期生物进化史中所有生物系统的特征。比如，旧系统比新系统更不易被破坏或损坏，它们较早出现在个别生物体中，同时，与新的适应性系统相比，旧的系统被更多的物种

---

① 又称进化压力，指外界施与一个生物进化过程的压力，从而改变该过程的前进方向。——译者注
② 所谓达尔文的自然选择，或者物竞天择、适者生存，即是指自然界施与生物体选择压力，从而使得其适应自然环境得以存活和繁衍。——译者注

所共享。另外，无意识的每一个性能都是真实的。

如果在没有意识的情况下人们也可以有效思考，那意识为什么还要进化？我们很容易得出结论：它赋予人们一种明显的生存优势，从而解释意识为何会变为人类思维的一种普遍性特征。虽然从表面上看是显而易见的，但事实上它仍是一个悬而未决、备受争议的话题。

由于人们承认了笛卡尔在两个方面存在错误——心灵和肉体是不可分离的，意识和心灵两者不能画等号——使得对意识本质的研究在主流媒体和学术界广受关注。《发现》（*Discover*）杂志最近声称，该问题仍是一个重要的未解之谜。有数十本书籍、杂志和专门的会议都致力于对这一主题进行独立研究。几年前，哲学家丹尼尔·丹尼特（Daniel Dennett），就是因为这方面的书太多（据他自己统计有 34 本），拒绝为新近出版的描写意识的书籍写书评。

精神重振的哲学家们对这一老掉牙的问题争论不休：一个物理的大脑如何产生意识的主观形态？意识经验的本质是什么？我们是否希望去了解另外一种物种甚至另外一种人类是什么样子？人类是否是拥有意识的惟一物种？意识是否存在一种功能，如果有，那又是什么？

这些问题可以分为两类：意识的表象和实质。至少从科学的层面上讲，我们在第二个问题上的进展要多于第一个问题。这就表明，正如许多哲学家对意识进行研究一样，有关意识的性质（意识看起来如何）有多种理论，但我们并不清楚该如何科学对待此问题。

意识的功能问题是一个更容易处理的问题，也将是我最为关注的一个问题。在考虑如何最好地获得自我认知之前，我们必须对一些问题有所认识，例如，自我认知能否有所作为。自我洞察（使我们能够意识到之前所不了解的事情）能改变什么吗？又比如，对自己行为原因缺乏洞察力的人会与有极好洞察力的人采取不同的行为方式吗？

一个符合常规的比喻是，意识是心理行政部门中的总统。这种观点认为，这是一个由代理人、副手、内阁官员以及后勤人员组成的庞大组织网，这些成员都在总统的意识之外工作。这就是适应性潜意识，没有它，政府就不可能高效运转。如果把这些工作交给一个人来做，他会有点力不从心，如果没有代理机构（无意识）在意识之外运作，总统本人也不可能顺利开展工作。总统掌控着这个巨大的网络，制定方针政策，做出重大决策，处理重大事件。很明显，意识在这些活动中起决定性作用。适应性潜意识屈从于意识（总统）并且为其服务。同时，如果总统变得太强硬就会麻烦不断。如果他不了解在自己意识之外发生了什么（缺乏自我洞察），那么，适应性潜意识将可能做出一些有悖于总统意愿的决定。

有些人对将意识比喻为总统这一观点表示质疑，他们认为，意识或许并非如此重要。一些极端的哲学家们认为，意识并不能发挥任何功能。这一立场被称为"意识非本质主义"（conscious inessentialism）或者"副现象论"（epiphenomenalism）①，持这一观点的人认为，意识只是一个精密产品的附带品，只有潜意识才能完成所有真正的工作。意识就像孩子在游乐场不投币"玩"电子游戏。他移动着控制装置，并未意识到自己正看着一个独立于他动作之外的游戏演示程序。这个孩子（意识）认为他在控制着自己的动作，事实上是游戏机的软件（无意识）完全处于控制状态。

哲学家丹尼尔·丹尼特表示，上述观点将意识的角色更多地等同于新闻秘书而非总统。新闻秘书（意识）可以在大脑思维运作时进行观察并作出报告，但却不能制定政策，也不能秘密参与总统办公室内部的众多决策。意识只是一个观察者，而非参与者。

我们似乎总感觉意识在控制着自己的行为，所以你可能会问：为何会这样？丹尼·韦格纳和塔利亚·惠特利最近的研究给出这样一个答案：意识意志通常是一种错觉，类似于相关数据的"第三变量"问题。通常我们每产生一个想法，就会紧跟一个行动，并认为是想法催生了行动。事实上，这个第三变量，即一

---

① 该理论认为，意识是行为产生的附带现象，并不发挥任何作用。——译者注

个潜意识动机，可能已经产生了意识的思想和行动。例如，当我决定从沙发上站起来去吃点东西，这似乎是一个意识的行为，因为在我站起来之前会意识到"如果现在有一碗草莓味的麦片，那该多好"。然而，很可能是我潜意识内产生了吃东西的欲望，由此引发了我有意识地想到麦片并且起身走进厨房。意识可能已经完全是附带现象，并没有影响到我的行为，就像低级物种只是为了寻找食物和生存一样，意识的存在是没有必要的。甚至在某些时候，当人们的行为缺少意识思考时，看似却是有意识的，其实不然，例如，当我还未有意识地思考自己在做什么或者决定这么做时，我已经从沙发上站起来去拿一碗麦片了。

　　韦格纳和惠特利承认意识意志可能会是错觉，但情况并不尽然。我认为，意识充当的最合理角色应该是介于"总统"与"副现象"之间的"新闻秘书"。如果意识仅仅只是一个副现象，那么一本关于自我洞察力的书籍是不能够使人满意的。这或许能为人们观察行为提供一个较好的平台，但是这些观察并不能改变行为的过程或者结果。另外，我们已经了解到适应性潜意识的功能相当广泛，它包括高级的行政职能，如设立目标等。因此我认为，将意识比作总统或者总教练也是容易令人误解的。我们或许心存这样的想法：觉得自己也就是我们的意识自我完全处于控制之中，然而，至少在某种程度上来看，这是一种错觉。

　　哲学家欧文·弗拉纳根（Owen Flanagan）指出，美国各届总统都对政府的政策进行过不同程度的控制，关于意识作用的一个更为准确的观点，可能就是罗纳德·里根式意识（consciousness-as-Ronald Reagan）。据大多历史学家所知，里根与其他多数总统相比更加有名无实，而且对政府并未进行过太过干涉。用弗拉纳根的话说，"对于一批智慧且勤勉的当权者（实际的权力上层）而言，里根只是一个幽默的、雄辩的代言人，外界对他也是一知半解。不可否认，里根感觉自己似乎是担任着'伟大沟通者'的角色……关键是人们能够亲身感受到总统的存在，总统也确实存在，但里根对政府内部或外部的控制都比看起来更少。"

　　换言之，我们的哪些行为是源于内心的，关于这一点，我们真实了解的远不及我们所思考的，我们对大脑的控制也比我们认为的要少。不过，我们还保留着一些能够影响大脑运转的能力。即使适应性潜意识能在我们的意识之外借助某些信息顺利运行，我们也可以通过影响这些信息来作出推断，并设立目标。本书的目的之一，就是针对此提出一些建议性方式。

20 世纪 80 年代，在一个难忘的周六夜场滑稽短剧中，里根总统被描述为一位"伟大沟通者"，一位充满才气的、圆滑世故的领导者，甚至是一位有着特殊才能的人物。在公共场合，他是一位被选民们了解与喜爱的、仁慈的、稍微有点笨手笨脚的好莱坞演员。在私底下，他冷静而有远见，他既可以反复不断地思考副手们的真实想法，也能够与外国上司巧妙周旋。（在一个场景中，他与一位伊朗领导人在通话过程中语气逐渐变得强硬——当时他讲的是波斯语。）本书的目的是让大家更像短剧中的罗纳德·里根——一个执行主管，至少在一定程度上知道幕后事件并能巧妙处理。

第二节　先行动，再思维

那么，幕后（适应性潜意识）正在发生什么，它与意识过程有何区别？通过表格的形式概括两种心理系统映射出的不同功能，还是很有用的。

适应性潜意识 VS 意识

适应性潜意识	意识
多重系统	单一系统
即时模式检测器	事后检测与平衡器
关注当下	长远考虑
自动化的（快速的、无意图的、不可控的、毫不费力的）	受控制的（缓慢的、有意图的、可控的、不遗余力的）
刚性的	柔性的
行动优于思维	思维优于行动
对负面信息敏感	对正面信息敏感

多重系统 VS 单一系统

适应性潜意识这种说法稍有点用词不当，因为有一组心理模块在意识之外独立运作。通过对"裂脑人"[①]进行研究，我们了解到了这一点。大脑的不同区域似乎与无意识学习和记忆的很多不同方面都有联系。损坏一些区域会损坏外显记忆（例如形成新记忆的能力），但是留下来的内隐记忆则完好无损（例如形成新的运动技能的能力）。中风会损害人的语言能力，但不会影响其他认知能力。因为适应性潜意识是许多独立能力的集合体，我描述的适应性潜意识的一些属性可能只适用于某些模块。

另外，意识似乎是一个单一实体。究竟该如何定义它，它与大脑的功能有何关联，这些我们还都不知道。但是，它是一个单独的思维系统，而不是不同心理模块的集合，这一点相对比较明确。或许在特定情况下，意识可以分裂为两个甚至更多个独立的系统，比如多重人格（尽管多重人格综合征的确切症状和发作频率是目前争论较多的一个主题）。但是，大多数人不能拥有一个以上的有意识自我。而即使只有一个主管，它也不会像自己所认为的那样，拥有那么多的权力和控制力。

即时模式检测器 VS 事后检测与平衡器

许多心理学家认为，适应性潜意识的工作就是尽快检测环境模式，而且，无论它们好与坏，都会发出信号。这种系统具有明显的优势，但它需要付出代价：分析速度越快，就越有可能出错。如果存在另一个缓慢的系统，既可以对环境提供一个更为详细的分析，也可以捕捉到先前系统在对环境快速分析时产生的错误，这将会非常有益。这个慢系统就是意识。

例如，约瑟夫·勒杜（Joseph LeDoux）指出，人类有一个无意识的"危险

---

① 大脑的左右两个半球被分割开来，不仅信息不通，连行动也不配合。——译者注

侦察器"，在信息即将进入意识知觉之前，对这些信息进行审查，如果确实存在危险，人类就会产生恐惧的反应。因为这些无意识分析非常迅速，分析时也相当粗糙，而且有时会出现错误，因此，如果能有另外一个详细的处理系统来纠正这些错误就最好不过了。假设在你徒步旅行时，突然看到路中间有一个长形的、细的、棕色的物体，你的第一反应就是——"蛇"，并且倒吸一口气迅速停下来。然而，经过仔细分析后，你发现这个物体只是一棵小树上的一根树枝，然后你继续走路。据约瑟夫·勒杜分析，你首先对树枝执行了一个初始的、粗糙的无意识分析，随后是详细的意识分析。总而言之，这两个系统的组合也不赖。

关注当下 VS 长远考虑

尽管无意识的模式监测是有用的，但它仅限于当下。它巧妙的监测模式能对我们周围的环境迅速做出反应，发现任何危险都会及时提醒我们，并且做出目标导向的行为。但它并不能预测出明天、下周或者明年会发生什么，也不能制定相应的计划。适应性潜意识也不可能把过去的事情打包整合成一个连贯的自我叙事，而意识却可以做到，因为它的主要功能就是预测、心智模拟和计划的能力。

一个对过去和未来都具有概念且能够随意反映这些时期的有机体，比不具备这些因素的有机体能够做出更加有效的长远计划，从而为人提供极大的生存优势。一些低级动物对未来的规划是与生俱来的，松鼠"知道"为过冬储存坚果，候鸟也"知道"何时向南迁徙。想象一下，如果存在一个更为灵活的思维系统，可以冥想、反思、沉思和预想可供选择的未来，并且把这些场景与过去联系起来，这将是多好的事情。例如，搞农业生产，需要过去的知识以及对未来的想象，如果我们不能预料到将来几周会发生什么，那为什么还要多此一举把种子撒入土地？

意识可以对未来进行规划，这一观点并不会带来多少新奇感。赞同意识充当总统角色的人们，也会同意意识的主要功能是从事长远规划这一说法。一个好的总统会把琐事丢给部下，然后花费较多时间处理重大事件，例如长远发展目标是什么、如何实现这些目标等。

但是，我们的罗纳德·里根式意识模式，描绘了一种略有不同的长远规划。我们的联邦政府（心理）是一个巨大的、每日运行良好的相互联系的系统。它可以展望未来并设定长远目标，但在对政策做出重大改变时将会发现很困难。通常他所能做的，就是在关键时刻稍微推动庞大的官僚体制来做出一些改良。事实上，由于意识的其余部分具有不适应性，所以做出重大决策改变会是一件很危险的事。

细想一下赫尔曼（Herman），他在做自己的事情时是最幸福的，然而，谁会相信他内心很孤独呢？事实上，他有着强烈地与他人交往的无意识需求。因为是他有意识的自我认知规划未来并决定其行为，所以赫尔曼避免参加大型聚会和派对并选择电脑顾问作为职业，这样就可以在户外工作。但是，他的这些选择并没有满足他对无意识归属感的需求，所以他并不快乐。对意识的最好运用或许就是，把自己放在能使适应性潜意识顺利运作的情境中。通过了解我们的无意识需求和特质并制定相应规划就能实现这一目标。

然而，怎样才能识别我们的无意识需求和动机？这是一个极具价值的问题。迄今为止，我仅仅注意到思考以及规划未来的能力能够赋予人们极大的优势，但没有意识到它也可能是一把双刃剑。如果我们的有意识愿望与适应性潜意识欲望相冲突，它就会出现问题。

自动化的 VS 受控制的

众所周知，在很少的有意注意下，人们也可以迅速地、毫不费力地完成很多动作（例如骑自行车、驾车、弹钢琴等）。一旦学会这些复杂的运动行为，当我们处于潜意识状态且不会思考自己在做什么时，就会更好地实践它们。当我输入这些单词，一旦拼写错误，就开始思考小拇指和食指在干什么。在体育界有着这样一种说法：当一个运动员处于"潜意识"状态，对自己正在做什么完全没有意识的时候，他将会发挥最理想的水平，因为此时他正处于巅峰状态。

尽管我们通常不会设想以同样的方式去思考，但这种情况可能也会自动发生。以惯用的方式去处理物理世界和社会世界的信息，就像时间久了可以熟练弹钢琴一样。事实上，适应性潜意识最典型的特征就是潜意识运作的能力。自动化思维具有五个典型特点：无意识的、快速的、无意图的、不可控的、毫不费力的。正如社会心理学家约翰·巴奇所指出的，自动化思维在不同程度上都符合这些标准，所以我们才能把符合这些标准的全部或者大部分的思维定义为自动化思维。

我们在第二章中也遇到过这种思维类型的例子，即适应性潜意识对传入信息进行选择、解读以及评估的方式。细想一下鸡尾酒会现象，适应性潜意识将我们自己参与之外的所有谈话都屏蔽掉了，但同时也在监视其他人的谈话（并且当他们谈论到重要问题时，比如我们的名字，我们就会产生警惕）。这个过程符合自动化思维的标准：发生很迅速；无意识的；没有意图的：在这个意义上，无意识过滤器甚至在我们产生动机之前就开始运作；不可控的：在某种意义上，我们对无意识过滤器的运作几乎没有话语权，我们也不可能阻止它；不费力气的：从这个意义上讲，无意识过滤器只占用很少的心理能量或者资源。

自动化思维的另一个例子就是，倾向于对他人进行归类或定型①。当我们与某人初次见面时，会飞快地将他们的种族、性别或者年龄进行归类，我们甚至不知道自己这样做了。自动化地对某人定型，这一过程或许是与生俱来的，我们被他人预先设定好以便进行归类。然而，归类的性质与定型的内容却不是天生的。人并非天生就对他人有成见，但是，倘若人们从当前文化中学会这些定型，就会倾向于无意识地、非故意地、不可控地并且毫不费力地去运用它们。与此相反，意识思维是发展缓慢的、有意图的（我们通常会思考我们想要思考的）、可控的（我们能够更好地影响自己的想法）且不遗余力的（当我们被分心或者分神的时候，意识思维很难保持）。

---

① 一个群体成员对另一个群体成员的简单化的看法，是一种信念。其基本假设是：属于一个群体（民族、宗教、性别等）的成员表现出类似的行为或具有类似的态度。W.李普曼于1992年首先采用这个术语，用来指那些事实上不正确的、非理性的、刻板的态度。——译者注

适应性潜意识的刚性

一个快速有效的信息处理系统的缺点是，它对新的、相互冲突的信息反应迟钝。事实上，我们经常潜意识地使新信息屈从于我们的先入之见，从而很难意识到我们的先入之见是错误的。例如，我在女儿的家长会上遇到一个叫菲尔的人，之前听说他是一个爱出风头、粗鲁的家伙，但事实并非如此。

当无意识系统快速检测出一个非常态模式时会发生什么？它是否会意识到观察事物的旧方法已不再适用？举个例子，假设一个业务经理注意到（在无意识层面），他最终解雇的两个员工毕业于规模较小的文科学校，而最终准备提拔的三个员工均毕业于规模较大的州立大学。考核工作时，经理要对新一批员工进行评估，一组来自小的文科学院，一组来自州立大学。尽管在某些任务上后一组表现得比前一组要好，但总的来说，两组的表现水平相当，经理将如何评估这些员工？

一个巧妙灵活的系统将会意识到，之前从小样本中认识到的相关性并不适用于像雇员这么大的样本。然而，一旦获得一种相关性，无意识系统就会倾向于关注不存在这种相关性的地方，从而更加确信这种相关性是真实的。当评估那些来自小文科学院的员工时，经理可能会关注并记住他们工作表现差的时刻。当评估那些来自州立大学的员工时，他可能会关注并记住他们工作表现好的那段时间，从而强化了他的信念：一个人毕业院校的规模大小，将决定着他工作的表现好坏——即使事实并非如此。

更糟糕的是，像罗伯特·罗森塔尔（Robert Rosenthal）和勒诺·雅各布森（Lenore Jacobson）的经典研究"自我实现预言"一样，人们可能会采用能够实现预期目标的方式来不知不觉地采取行动。他们发现，老师不仅会按照他们期望的方式考查学生，而且这样的行为也能使这些期望最终变为现实。在新学年，他们对一个小学的全部学生进行了一次测验，并告诉老师们，一些学生取得了很好的成绩，最终肯定会在学业上"绽放"。事实上，这一结论并不一定准确：被鉴定为"绽放者"的学生是研究人员随机抽取的。研究者没有将测试结果告诉任何人，不论是家长还是学生。只是在老师的心中，研究者所说的"绽放者"跟其他同龄人是不同的。

当研究人员在年底对全体学生的智商进行第二次测试时，那些被称为"绽放者"的学生，其智商明显高于其他学生。老师们以不同的方式对待"绽放者"，致使他们的期望变为现实。

老师们对学生的期望是有意识的，但是实现期望的方式并不是有意识的。当老师希望学生做到更好时，会不知不觉地给予他们更多的个人关注，给他们更多的挑战并在功课方面为他们提供更好的反馈。迈拉（Myra）和大卫·萨德克（David Sadker）表明，类似的自我实现预言在无意识层面运行，并影响着美国课堂上男孩和女孩的相对表现。在意识层面，多数老师认为女孩和男孩应受到同等待遇。在一项研究中，萨德克给老师们放映他们拍摄的关于课堂讨论的视频，并询问老师，在课堂讨论中男生和女生谁比较积极。老师们回答说，女生参与性更高。当萨德克要求他们在观看视频的同时计算男生和女生的说话次数，老师们这才发现男生讲话的次数是女生的三倍。

萨德克认为，在无意识层面上教师们通常以更有益的方式对待男生，因此男生在课堂上比女生表现得好。无意识思维总是在短时间内妄下结论（"在我的数学课上，男生表现很聪明"），所以教师们会以更有益的方式对待男生——即使在意识里他们认为自己对学生是一视同仁的。

平心而论，适应性潜意识倾向于妄下结论并在面对反例时很难坚持初衷，这会导致产生一些有争议性的社会问题，例如种族偏见的普遍存在（详见第九章）。为什么适应性潜意识会导致这些错误的推断？此外，心理过程能够赋予人们一种生存优势，这并不意味着它是准确无误的，事实上，这种生存优势通常会带来（例如对他人快速评价和归类）一些不好的副产品。

行动先于思维

尤其是孩子们，可能在意识到自己做什么或者为什么这样做之前，适应性潜意识就以复杂的方式引导他们自动化地采取行动了。无意识的技能，如内隐学习和内隐记忆，在孩子们拥有复杂的、有意识的推理能力之前就已经出现。婴幼儿在出生时或者之前（在子宫里）能够内隐地（无意识地）记住事情，但过了一岁，他的外显（有意识地）记忆能力并未得到发展。此外，在儿童时期，参与外显记忆的大脑部位要比参与内隐记忆的大脑部位发育晚。

成年人也面临同样的困惑：他们不能进入无意识思维，而且必须依赖他们的意识解释系统来弄清自己大脑的真实面目。成年人至少拥有一个复杂的、灵敏的解释系统，通常会用来构建一个精确的叙事。特别是孩子，他们对很多事物都心存困惑，因为他们的意识解释系统发展较慢，尚不能成熟地猜测无意识思维在做什么。

对心理发展历程感兴趣的心理学家来说，这一困惑让他们陷入两难困境。了解人们内心想法的一个最简单方法就是对他们进行提问，而且，关于认知发展的很多研究都是基于孩子们的自我陈述。由于意识系统比无意识系统发展慢，所以，单纯依靠这些自我陈述，可能会在基于年龄的特殊技能和特质发展问题上导致一个误导性答案。从事儿童发展研究的一些著名研究者就曾犯过类似错误。

孩子是什么时候学会打折扣原则（discounting principle）①的

苏西（Suzie）和罗兹玛丽（Rosemary）每天都会练习半小时钢琴。练完钢琴后，苏西的妈妈会奖励苏西一个冰淇淋蛋卷，但罗兹玛丽却得不到奖励。谁会更喜欢弹钢琴？多数成年人会说，如果在某种程度上，苏西弹钢琴的动机只是获得奖励，那肯定是罗兹玛丽更喜欢弹钢琴。因为罗兹玛丽没有得到任何奖励，她的动机可能更多是来自内在的兴趣。这就是所谓的折扣原则，它倾向于降低因果关系中某一因素的作用（弹钢琴的内在兴趣），从而在某种程度上达到"看似存在其他合理因素"（冰淇淋蛋卷）的目的。

孩子们在什么年龄开始使用打折扣原则，发展心理学家对此很感兴趣。在一项典型研究中，孩子们要讲苏西和罗兹玛丽的故事，并且需要陈述谁更喜欢弹钢琴。八九岁以下的孩子似乎在用相加原则，即他们认为，为了得到奖励的

---

① 指存在其他似乎合理的原因时，产生某一结果的原因的作用会被打折扣。——译者注

"苏西"更喜欢弹钢琴（假设内在兴趣+奖励=更大的内在兴趣）。而八至九岁的孩子则开始使用打折扣原则，认为出于内在兴趣的"罗兹玛丽"更喜欢弹钢琴（假设内在兴趣+奖励=更小的内在兴趣）。

但是，基于孩子们所做（行为）而非所说（陈述）所进行的研究表明，孩子们能够在更早的年龄使用打折扣原则，而不是八九岁。在这些研究中，如果孩子参加了具有吸引力的活动则会获得一个奖励，并在随后测量他们对该活动的兴趣程度，通过观察他们选择参加该活动的次数来衡量。例如，马克•莱珀（Mark Lepper）、大卫•格林（David Greene）和理查德•尼斯贝特（Richard Nisbett）让三到五岁的孩子们用毡制粗头笔画画，这在当时对年幼的孩子来说是一件新颖的、有趣的事情。最终，一些孩子获得了"优秀证书"的奖励，而另一些则没有。

接着，研究人员在课余时间把笔放在教室里，并预测孩子们摆弄笔的时间。正如预测的那样，早些时候被夸奖的孩子摆弄笔的时间明显低于那些没有被夸奖的孩子。孩子们似乎会对自己的行为（不一定是有意识的）运用打折扣原则，结果就是，如果他们摆弄笔是为了得到优秀证书，就证明他们不一定特别喜欢笔。

在八九岁之前，孩子们为什么不使用打折扣原则来解释其他人的行为呢？也许他们的适应性潜意识学习要早于意识解释系统的出现。用打折扣原则来解释孩子们的表现，即他们无意识的推理系统触发了他们的行为（例如他们是否在教室里摆弄笔）。为什么会产生有意识的行为和口头陈述，这是意识系统的工作，这一系统需要更长时间去学习和运用打折扣原则。

人们在做和说之间的割裂状态一直持续到成年。从人的行为来看，成年人在有奖励的活动中往往为了奖励而"打折"自己的兴趣。在闲暇时间里，那些参加活动（如拼图游戏）并获奖的人，比没有获奖的人在活动上花的时间更少。然而，鉴于人们的说法，他们似乎并没有打折自己对活动的兴趣——他们说，尽管没有得到任何奖励，但他们喜欢这个活动。

在这些研究中，如果确实存有两个系统，一个是无意识系统：决定人们做什么，另一个是意识系统：决定人们说什么，那有什么办法能把它们很好地结合起来呢？意识系统如何能够更好地推断无意识系统已知晓的内容呢？由于意识系统要花更多时间来了解打折扣原则，也许它需要借助更多外力推动此原则的运用。也就是说，鉴于在容易获得奖励之前，无意识系统就对内在兴趣打了折扣，或许意识系统必须审慎考虑这一点。我和杰伊·赫尔（Jay Hull）、吉姆·约翰森（Jim Johnson）在奖励大学生玩拼图游戏的研究中验证了这一假设。在大多数此类研究中，被试学生的行为表明，奖励降低了他们对拼图的兴趣：他们与未被奖励的学生相比，花在玩拼图上的空闲时间更少。

这并不罕见，但还有一种情况学生并未说明，在一份调查问卷中，直到研究者要求被试思考其行为的动机时，他们才说自己不喜欢拼图。反思的做法对人们的行为影响不大——如果他们已经得到奖励，但对活动的兴趣却在减少——但这确实会影响他们对活动喜爱程度的记录报告。在反思情境下，参加活动而获得奖励的被试声称他们对活动的喜欢程度在减弱。这些结果表明，当人们开始仔细思考时就运用了打折扣原则，这体现在：如果他们参加活动并获得奖励，必然会减少对活动的喜欢程度和兴趣。如果他们没有认真思考其行为的动机，那么他们的意识系统就不会运用打折扣原则（毕竟，学习开始于意识系统发展的后期）——尽管适应性潜意识已经存在。

孩子在什么时候开始形成心理理论

某些时候，人们逐渐意识到，自己并不是心理的惟一拥有者。因为我们不能直接看透人们的心理，我们研究了心理学家所说的"心理理论"——推断他人的想法、信念、感觉，就像我们现在正在研究的内容一样。我们认为，人类和无生命的物体有很大不同（人类有思想，而石头没有），我们经常看到其他人在寻找什么（我们想了解他们在想什么），我们可以假装成某人（通过模仿他们的思想和感觉），我们经常试图欺骗他人（通过引导他们树立错误的观念）。所有这些迹象都表明，心理理论确实存在。我们很少假装成为一块石头或一棵树，因为我们认为这些物体没有思想，不能体现信念、想法和感觉。

心理学界普遍认为，心理理论在儿童 4 岁左右形成，儿童在这一阶段的表现被称为"错误信念范式"。在一个经典研究中，孩子们观看实验者藏东西，例如，他们可能会看到马特（Matt）把糖藏在一个盒子里接着离开房间。然后莎莉（Sally）走进房间，发现了糖，就把它放在几米外的篮子里。最后莎莉离开，马特回到房间。实验之后提问被试马特在哪里找糖：在他放糖的盒子里，还是莎莉藏糖的篮子里？大多数 4 岁的孩子会这样回答："在他自己放糖的盒子里。"他们很明显意识到一点：马特仍然认为糖在盒子里，因为他并没有看到莎莉把糖放在篮子里。然而，大多数 3 岁的孩子说，马特会在莎莉藏糖果的篮子里寻找。他们似乎无法单独认知从而做出这样的假设，因为他们知道糖已经在篮子里了，马特同样知道。他们还没有一个成熟的心理理论来告诉他们，其他人可能会有不同于自己的信念。

或者他们已经有了这样的心理理论？温迪·克莱门茨（Wendy Clements）和约瑟夫·佩尔奈（Josef Perner）发现了关于错误信念任务①的一个有趣变化：即使是 3 岁孩子也有一个心理理论，至少在内隐或无意识层面上。他们的研究跟上文提到的非常类似，除了问孩子们马特会在哪找糖果外，他们还观察了孩子们看到马特回房间时的行为：他们是看着马特藏糖果的位置还是其他人放糖果的位置？研究人员认为，孩子们首先关注的位置是他们预期马特会找糖果的位置。如果他们有一个成熟的心理理论，他们会注意到马特认为的位置而不是他们自己知道的糖果位置。如果他们没有一个成熟的心理理论，则反之。

对孩子们关于马特在哪里寻找糖果的答案进行精确统计后，研究人员发现了与之前研究相同的现象：对于 2 岁半到两岁 10 个月大的孩子而言，几乎

---

① 目前应用最广泛的测查儿童思维的方法。在这个任务中，主试向儿童描述一个故事情景（故事中主人公的信念通常与事实不相符），然后向儿童提问，看儿童是否能推断出主人公的真实信念。——译者注

没有回答"正确"的；也就是说，他们的答案几乎都是马特将在篮子里找糖果，因为他们知道糖果在篮子里——这表明他们还没有一个心理理论。在年长孩子的一组里，答案的正确度与年龄成正比，如4岁大的孩子，大多数都给出正确的答案。

当出现马特回到房间的场景时，再观察孩子们的表现时发现，最小孩子的目光与口头陈述相一致：一边看着藏有糖果的篮子，一边回答马特会在篮子里找糖果。这两项测量表明，这些孩子还没有形成心理理论。然而，这两项测量结果的明显区别体现在孩子们3岁左右。当问到马特会在哪里找糖果时，他们看着正确的位置，却给出错误的答案。从这些孩子来看，在给出答案之前，他们已经开发出一种心理理论。大于3岁8个月（包括3岁8个月大）的孩子则看着正确的位置并给出正确的答案。

对这一系列研究的最好解释是，对行为和口头陈述的测量能够最大化地反映出儿童认知发展的不同程度。行为表现可能来自于无意识的、内隐的认知——在我看来，认知随着适应性潜意识而来——而口头陈述则体现了对心理理论（其发展需要花费较长时间）的有意识理解，这一心理理论需要更长的时间来研究。

甚至有论据表明，灵长类动物对其心理也有一个基本理论，通过在错误信念任务中看向哪里（类似于上述马特在哪里寻找糖果的研究）来做出判断。因此，很小的孩子甚至灵长类动物，可能都有一个无意识心理理论支配着他们的行为。这种观点结合了儿童理解力与打折扣原则的相关研究。发展心理学家如果过分依赖口头测量，可能会得出失真的研究结论。他们正在研究儿童的口头陈述和意识系统，意识系统的发展速度可能要慢于适应性潜意识系统的发展速度。

意识系统的发展能赶上适应性潜意识系统吗

也许人们的意识能力在生命早期有其受限，而当他们成年时就形成了一个成熟的、意识的自我，从而更好地洞察适应性潜意识。我们认为，尽管人们的意识理论和洞察力必然会随着年龄增长变得更复杂和成熟，但我们仍有理由相信人们的洞察力并非完美无瑕。

一个例子就是人们检测复杂环境模式的能力。正如我们看到的一样，无意识系统擅长快速、精确地检测模式。回到本书第二章，关于帕维尔·勒维克、托马斯·希尔和伊丽莎白·比佐特的研究，被试学会了一套极其复杂的规则，用以预测字母 X 将出现在电脑屏幕的哪个位置，正如事实表明，当规则改变，被试的表现也会随着时间发生变化，或提升，或退步。研究表明，没有一个被试曾经有意识地学习规则，在这一例子中适应性潜意识显然先于意识系统起作用。

众多关于相关性检测的研究表明，意识系统不能很好地检测出两个变量①之间的相关性（例如，人的头发颜色与个性之间有无相关性）。为了检测到这种相关性，一方面这种相关性必须十分显著；另一方面，人们一定不能运用之前的理论，从而避免误导他们对这种相关性的认识。例如，许多人坚持认为，冬天不穿外套出门更容易感冒，尽管没有证据表明寒冬和感冒有关。大部分人都没有意识到，用手碰鼻子和眼睛与感冒的关系，尽管证据表明这是病毒侵入体内的主要途径。这也说明，适应性潜意识存在缺陷，没有认识到协变②关系。或者，它也意识到了，其预防我们触摸眼睛的次数甚至要高于我们有意识的预防。

适应性潜意识对负面信息更敏感

现在我们更应该思考潜意识和意识的差异：大脑可能也有分工，对于负面信息，潜意识要比意识更敏感。

上文提到，约瑟夫·勒杜认为动物和人拥有前意识的危险检测器，能够迅

---

① 指没有固定值，可以改变的数。——译者注
② 协变原则是社会心理学中归因原则的一种。协变原则认为人们归因时如同科学家在科研中寻求规律，试图找出一种效应发生的各种条件的规律性协变。——译者注

速检测当前环境。在信息将要进入意识知觉之前，感觉丘脑①会对这些信息进行评估，如果判定信息具有威胁性，就会触发恐惧反应。从进化论的角度我们可以看出，对于大脑来说，尽快对危险（如负面的事物）刺激物触发恐惧反应这一行为有多大的适应性。

回想一下安托尼·贝沙拉和他同事做的实验，在实验中，被试在有意识地知道哪张桌子获益最大之前，就能产生本能反应，并向他们传达信号，告诉他们哪一张放卡片的桌子能够获得更多的金钱收益：选择 A 桌子和 B 桌子会获取大收益或大损失，但如果一直玩下去则会净亏损；而使用 C 桌子和 D 桌子会获得小收益或小损失，但如果一直使用下去则会净收益。人们很快就会产生本能反应（通过皮肤电传导②反应表现出来），警告自己避免选择 A 桌子和 B 桌子。

适应性潜意识是如何解决这个问题的呢？一种可能是在大脑内对不同的卡片计数，最终结果是使用桌子 A 和 B 导致净亏损。当然，适应性潜意识还能采用一个更简便的策略：避免大损失。如果无意识系统对负面信息特别敏感，它应该集中在大损失上，有时桌子 A 就会导致大损失。一个有趣的结论是，无意识系统并非每次都能做出正确选择。例如，如果权衡结果是桌子 A 和桌子 B 会获得高利润，尽管有时也可能遭受大损失，那么，适应性潜意识会回避收益最大的桌子。

越来越多的证据表明，正负面信息分别在大脑的不同区域进行加工处理，尽管在很大程度上，我们还不清楚大脑的不同区域是如何映射到意识和无意识系统里的。但至少存在一种可能性，即面对**我们周围环境中的消极事件**，适应

① 间脑的一部分，为卵圆形的灰质。接受除嗅觉以外的**各种感觉传入通路的投射**。大脑皮质不发达的动物，丘脑是感觉的最高级中枢。大脑皮质发达的动物，丘脑成为感觉传导的最重要的换元接替站，只进行感觉的粗糙分析与综合。（引自朱智贤主编的《心理学大词典》，北京师范大学出版社，1989 年 10 月第 1 版，p507。）——译者注

② 皮肤电阻或电流大小变化的现象。这种变化在情绪激动时表现得最为明显，所以它常被心理学家们作为研究情绪的一个指标。例如，把两个电极分别接到二指端皮肤的两个部位，并把它与电流计和外接电源进行串联，当电路接通后就会产生电流传导使电流计指针偏转，其如加再给予刺激引起受试者心理兴奋，则会增大电流（降低电阻阻值），使指针有更大幅度的偏转。（引自朱智贤主编的《心理学大词典》，北京师范大学出版社，1989 年 10 月第 1 版，p466。）——译者注

性潜意识已经进化为一位"哨兵"。

第三节　潜意识是精明的还是呆板的

　　究竟哪一思维系统更精明？这一问题已受到研究者的高度关注，尤其是社会心理学家安东尼·格林沃德（Anthony Greenwald）。格林沃德认为，潜意识认知系统是一个很原始的系统，只能通过有限的方式进行信息分析。他指出，现代研究揭示了一种极异于弗洛伊德观点的潜意识，这种潜意识具有极大的呆板性。

　　格林沃德最为关注这一研究：以极快的速度向被试呈现一些词语，这一速度要快到人们意识很难感知到。一些研究发现，下意识地呈现一些词语，在一定程度上能够影响人们的反应。例如，德雷恩（Draine）和格林沃德在电脑上为被试展示一些词语（如"邪恶"、"和平"等），并要求他们对这些词语的褒贬迅速做出判断。被试并不知道这些单词被放在了前面，而那些快速呈现的"初始"词语（有褒有贬）在后面出现。初始词语只是一闪而过，被试并未有意识地看到它们。然而，它们会影响到被试对第二目标词语的反应。当初始词语与第二目标词语相反时，例如，在"和平"之前下意识地陈述"谋杀"——被试更有可能出错，认为"和平"是贬义词。若在"和平"之前下意识地描述"日落"，被试几乎一致认为"和平"为褒义词。许多心理学家由此认为，人们是在潜意识里看到下意识呈现的词语并对词语的意义进行加工处理，这可能会干扰也可能有助于对后面词语的判断。

　　然而，格林沃德指出，潜意识思维识别和处理下意识呈现文字的能力是有限的。例如，没有证据表明，它可以认识到由几个词语构成的词组与每个独立单词的含义有所不同。例如，将"敌人失败"作为一个整体词语来看就具有积极意义，但将它们各自分开时便可能具有消极意义。当几个词语构成序列词组并在被试眼前下意识地闪过时，被试提取的是单个词语的意思（在上面例子中是负面词语），而不是两个词语组合的整体意思。因此，潜意识思维可能只具有有限的认知能力。

但是，这个结论与我们之前的探讨有出入——研究表明，在环境中检测协变时，潜意识思维要优越于意识思维。我们的大脑可以在百分之几秒内对其捕捉到的信息做出判断，这也许不足为奇。让人惊奇的是，它可以检测到一闪而过的单词的任何意义。事实上，这一点常常被研究者所忽视，在意识思维完成这些任务的过程中，潜意识思维同样在做着卓越的工作。即使只是对下意识呈现的词语做基础判断，它也比意识思维做得好，意识思维根本不知道它看到的任何东西。在这些任务中，潜意识比意识解读程序更精明。

当人们有更多的时间去检测和处理传入信息时，情况会如何？正如我们所看到的，潜意识思维至少在一些任务中优越于意识思维，比如检测协变。例如，一项研究表明，被试可以习得一项复杂的规则，即一种刺激物在某一项试验中的呈现取决于它在早期七项试验中的呈现，尽管被试不能有意识地记起那时的呈现物。

诚然，与更灵活的意识思维相反，适应性潜意识是刚性的和不灵活的、倾向于先入为主和偏见，有时它们甚至会受到驳斥或否定。这两个系统的精明程度或者呆板程度究竟有多大，答案并非只有一个——主要取决于你让它们做什么。在某些方面适应性潜意识比意识精明（例如检测协变），但在其他方面就不如意识。从本质上看他们具有差异性，而且，我们贴"精明"或"呆板"的标签时也是带有随意性的。一个更有效的方法就是列举出差异，并尝试了解两个系统的功能。适应性潜意识是一个陈旧的系统，用来快速扫描环境和检测模式，特别是那些可能对有机体构成威胁的环境和模式。适应性潜意识可以很容易地学习某种模式，但却不能很好地放弃这种模式，因为它是一个极其僵化、不灵活的推理者。适应性潜意识发展较早，并继续引导行为进入成年时期。

意识自我扮演的不是 CEO 的角色，它发展缓慢，并且在某些方面从来都不及潜意识，例如在模式检测方面。但它为无意识学习的速度和效率提供了一个检测—平衡机制，让人们对未来能有更加深思熟虑的规划。

人们倾向于得出这样的结论：将潜意识思维和意识思维的串联体看作是一个设计精妙、运行最佳的系统。但这或许是一种错误的观点。首先，不存在一个宏伟的设计。在现实设计中，旧的设计可以完全被抛弃并重新开始。例如，莱特兄弟（The Wright Brothers）不是用马拉车，而是安上一双翅膀使其成为一个飞行的机器。为了实现内心的终极目标（飞行），他们会开始重新设计飞机的每一个零部件。相比而言，有机体的当前状态由自然选择来操纵，正如新系统是从旧系统进化而来一样。人类的心理并非事先设计好的宏伟蓝图，因为进化会对心理的内容产生影响。

人类的心理是一项不可思议的伟大成就，或许它也是地球历史上最令人惊异的事物。但这并不意味着它是一个最理想化或者最完美的设计系统。我们对自我意识的了解，仅限于身陷危机时。

第四章

认识你自己

    在萧伯纳的剧作《卖花女》中，亨利·希金斯成功地将粗鄙的卖花女伊莱莎改造成一位优雅的淑女——然而，对他自身可憎的人格，却未做出任何改变。希金斯自视为温文尔雅、正直开明、有内涵的英国绅士，他的一切举动都会受人尊敬，但他从未发现，他也有粗暴、歧视女性、控制欲很强、过分挑剔的一面。所以，当管家皮尔斯太太对他口出恶言，用他的睡袍当餐巾使用，并把满满一锅粥打翻在干净的桌布上时，希金斯大为不解。这个故事告诉我们，我们自以为很了解自己，其实未必如此。

我们给自己编故事，只是为了更安心地生活……尤其当我们是作家的时候。一方面，我们捡拾支离破碎的记忆，编织人生的叙事脉络；另一方面，我们会用生活中习得的"观念"来定格人生的真实体验。正是靠着这两方面，我们才有勇气活下去。

—— 琼·迪迪翁（Joan Didion）《白色纪念册》（*The White Album*）

在萧伯纳（Bernard Shaw）的剧作《卖花女》（*Pygmalion*）中，亨利·希金斯（Henry Higgins）成功地将粗鄙的卖花女伊莱莎（Eliza）改造成一位优雅的淑女——然而，对他自身可憎的人格，却未做出任何改变。希金斯自视为温文尔雅、正直开明、有内涵的英国绅士，他的一切举动都受人尊敬，但他从未发现，他也有粗暴、歧视女性、控制欲很强、过分挑剔的一面。所以，当管家皮尔斯（Pearce）太太对他口出恶言，用他的睡袍当餐巾使用，并把满满一锅粥打翻在干净的桌布上时，希金斯大为不解。他对朋友皮克林上校（Colonel Pickering）说：

皮克林，这位太太对我的看法太奇怪了。我是个怕羞的、游游移移的那种人。我从来没有觉得自己老练、了不起，像别人那样。可是她总是坚信不疑，认为我是独断专行、高高在上、发号施令的那种人。我真不懂这是为什么。

希金斯为何对自己的人格如此茫然无知？弗洛伊德所说的压抑也许是罪魁祸首：自视为有修养的英国绅士，而不是揽镜自照看清真实的自我，这样也许能使他免遭巨大的精神性痛苦。

然而，或许还有另外一个简单的解释。多数人的习惯性特质、品质、气质，都属于适应性潜意识的范畴，人们无法直接探触。所以人们只好通过其他渠道来建构自我人格理论，例如，从父母、文化那里，当然还有源自崇拜者的评价。与其说，这种理论建构是受压抑和逃避焦虑的欲求所驱使，倒不如说，纯粹是受到自我连续叙事（不能直接探触无意识人格）的建构需求所驱使。就像亨利·希金斯一样，通常，人们所建构的自我叙事，与他们的无意识特质与能力并不完全相符。

这很令人讶异，因为他们想了解的自身的一个主要方面就是人格的核心。

"我真的是一个诚实的人吗？"

"要想成为一名优秀的教师，我具备哪些条件？"

"我能做个好父亲吗?"

这是人们自问"我是谁"时最想知道的那个"自我"；这是德尔菲（Delphi）的希腊神谕告诫人们要弄明白的那个"自我"；这是在莎士比亚看来我们所有人都该信守的那个"自我"。

然而，如果考虑到，适应性潜意识自我与意识自我，两者对于回应社会世界（social world）都有固定模式时，我们就会明白，单讲"自我"几乎没有任何意义。一直以来，这种差异都受到心理学领域中人格理论的普遍忽视。

第一节　何为真实的自我

人格心理学家高尔顿·奥尔波特（Gordon Allport）认为，人格是指决定一个人"特定行为和思想"的一种心理过程，迄今为止，这仍然是一个很贴切的定义。

人格特质是一个最基本的问题，很少有问题能像它那样备受瞩目且饱受争议。人格心理学的领域是相互矛盾的研究取向的集合体，它们质疑一些基本问题，例如，是否存在决定人行为的一个独立的、核心的自我？若是这样，那这个独立的、核心的自我是什么，我们如何测量它？

想一想关于主要人格研究取向的这些概述。古典精神分析理论认为，人格的本质特征是人们如何处理他们的压抑内驱力，例如性冲动和攻击冲动。本我、自我和超我三者之间的交战、妥协、休战，对"我们是谁"做出了界定。对于人格，只有古典精神分析学派强调潜意识是分析"我们是谁"的主要研究取向。行为主义与精神动力学派截然相反，该学派提出这样的问题：既然我们预测的是人的行为，那为何还要探视人的内心？尽管行为学派的队伍日渐缩小，但仍然有不少的行为学家只关注决定行为的外部客观环境，而非内部心理构念。

精神动力学派的推动力是现象学研究，现象学理论学派认为，要想理解人们为何会做出或此或彼的行为，就必须透过他们的双眼看世界，检视他们对自我的独特构念，以及在社会世界中发现的意义。很多社会心理学家，将这种研究取向运用到对自我观念的研究中，自我观念是人们关于"我是谁"的各种信念的集合。在很大程度上，研究人员认为，尽管他们的研究取向通常会避开有关意识的问题，但人们还是会意识到自我构念。

近年来，人格研究的主流方向是特质论，该理论试图对人们共有的某些基本人格特质进行独立研究。特质论的研究取向很少涉及人格特质起因的理论，更多的是对人格测试结果的定量分析，通过人格测试，人们可以了解自己或他人的人格特质。经过复杂的分析，研究人员得出五大人格特质：外倾性（extraversion）、情绪稳定性（emotional stability）、宜人性（agreeableness）、尽责性（conscientiousness）、开放性（openness of experience）。研究者认为，每个人都不同程度地拥有这些特质，它们是人格的基础。人们对于他们人格特质的一系列特有想法和观点，就可以对核心自我或"真实"自我作出定义。行为遗传学家会采用人格特质的研究取向，他们对成长于不同家庭环境的双胞胎进行人格比较，以此研究人格特质的遗传程度。他们发现，在人格特质差异形成因素中，遗传性因素通常占到20%～50%的比例。

与上述研究取向相比，后现代主义学派认为，根本不存在单一的、连贯的人格或自我。他们认为，在当代错综复杂的社会中，人们会遭遇矛盾冲突的多重影响，使得我们很难拥有单一的、连贯的自我。在他们看来，或许，自我不是一成不变的，它会随着文化、角色扮演以及生活环境的不同而发生改变，所以，试图对人们拥有的一系列核心人格特质进行测量、定义，这是毫无意义的。

米歇尔和国王的新衣

这些主流研究取向几乎无相似之处，而且，对人格本质的假设也存在根本上的不同。另外，在1968年发表的一篇关于人格研究的评述中，沃尔特·米歇尔（Walter Mischel）发现，没有一种研究取向能够完全符合人格研究的黄金准则，即奥尔波特提出的带有某种确定性去预测人们实际行为的标准。例如，外向者比内向者可能更容易交到朋友；而较之责任意识差的人，责任心强的人更能如期完成任务。然而，米歇尔发现，人格特质与行为之间的相关性并不显著。这个发现震惊了整个心理学界，因为这显然表明，人格心理学家测量出的特质对行为的预测比星座预测行为好不到哪去。

米歇尔不只是简单地点出问题，他进一步分析了原因所在。首先，他认为，人格心理学家低估了社会情境对行为而非人格的影响程度。例如，如果要预测一个人是否能如期完成任务，那么，了解一些细节——比如，不按时完成任务的后果，还剩多长时间，还有多少任务未完成——比了解这个人的责任心更有用。社会情境会对人格产生强有力的影响，有时甚至超过个体差异对人格的影响。

这种观点引爆了人格心理学家与社会心理学家之间的地盘战，人格心理学家把赌注压在个体差异上，认为个体差异是最好的行为预测器，而社会心理学家却投注在社会情境的本质和人们的理解方式上。这次地盘战打得有点莫名其妙，两个阵营的研究者手舞旗子，向对方挥舞着自己的相关系数和效应值，粗俗地叫嚣自己比对方更具说服力和影响力。即使这样，这次学术战还是发挥了一定作用，即揭示出一些重要的经验。因为从传统上看来，仅了解人格变量，并不足以预测人们的行为。

正因为米歇尔对特质论研究大加批判，还指出社会情境的重要性，所以人们将他描绘成人格理论的"反基督者"。然而，关于特质和行为之间的低相关性，人们有时会忽略米歇尔的第二种解释：人格确实是一个很好的行为预测器，只是还没有被很好地概念化。具有讽刺意味的是，当初还是米歇尔和他的同伴提出，如何把个体差异概念化并加以测量，从而对行为的显著变化作出解释。

米歇尔认为，与其将人格看成是我们用来归类人的一些静态特质，不如将其看成一组独特的认知—情感变量，用来决定人们解读情境的方式。人们总是用习惯性的方式去解析、评价不同的情境，正是这些解析和评价影响了他们的行为。当芭芭拉（Barbara）遭遇学业挫折时，她的认知—情感系统会使她产生危机感，这时最容易激起她的斗志；当山姆（Sam）自认为受到重要人物的冷落时，他的认知—情感系统也会使他产生危机感，此时他也会采取积极行动。按照这种观点，如果我们尝试在单一人格特质维度上，对芭芭拉和山姆的积极性程度进行归类，这几乎没有任何意义；相反，我们必须清楚，人们如何解释、理解某种社会情境并采取相应行为。

人们是如何意识到他们的认知—情感系统在运作的，这一点还未完全搞清楚。事实上，除了精神分析学，其他人格理论对意识与无意识的角色谈之甚少。近来，有一本论文集问世，厚达967页，全是关于人格心理学的前沿学术论文，出版者将此吹捧为"关于人格心理学的论文，这是收录最为全面的单一卷本"。然而，浏览论文的索引就会发现，其中有关"意识"的条目只有 2 页，而有关"潜意识"的条目也仅有 6 页。论文中出现更多的是关于"精神分析"的条目，几乎没有提到现代研究的"适应性潜意识"（或它的同义词）。

很多人对人格以及人格与行为的关系比较迷惑，以致人们很难明确区分意识与无意识。鉴于其他人格理论更多地侧重于自我的意识建构，在我看来，最好的想法就是，将米歇尔的认知—情感系统看成是适应性潜意识的一部分。

两种人格：适应性潜意识与意识自我

我的核心观点是，人格存在于两个地方：适应性潜意识与意识建构的自我。适应性潜意识正好符合奥尔波特的人格定义，包括解读社会环境的一些独特方式，以及引导人们行为的稳定动机。运用一些间接方法（例如非自陈量表），可以测量这些性情（disposition）和动机，它们植根于童年时期，在某种程度上受到遗传基因的影响，并且很难发生改变。

但是，意识自我也符合奥尔波特的人格定义。由于人们无法直接探触自己的无意识特质和动机，所以必须通过其他渠道建构一个意识自我，包括个人经历、可能自我、外显动机、自我理论以及关于感觉和行为诱因的信念。就像琼·迪迪翁所说的那样："我们给自己讲故事，是为了活下去。"

令人不解的是，两种自我看上去是相互独立的。越来越多的研究表明，意识建构的自我与无意识自我并不相符。这就表示，通过两种人格就可以预测人们的不同行为。适应性潜意识更有可能对人们失控的、内隐的反应产生影响，然而，意识建构的自我更有可能影响人们审慎的、外显的反应。举个例子，在工作中与同事意见不一致时，是否要和对方来一番争论，对于这件事，你下意识的快速决定可能会受到无意识需求（即对权力和归属感的需求）的控制。是否要邀请同事共进晚餐，对此做出的审慎决定更有可能受到意识层面的自我归因动机的控制。

由于人们不能直观他们的无意识特质，所以必须尝试采用间接手段来推断这种特质，例如，担任自己行为的良好观察者（比如，观察自己与同事的争吵频率）。这种敏锐的洞察力有多重要呢？它肯定不是万无一失的，因为拥有一些积极幻想也是有益身心的。然而，从通常意义上讲，对适应性潜意识的本质做出准确推断，对我们会更有益。

第二节　为什么我们很难了解自己

大量研究结果表明，适应性潜意识能够运用稳定的、具有典型性的方式对周围环境做出回应，因此它符合奥尔波特的人格定义。用神经病学家乔纳森·米勒（Jonathan Miller）的话来说："人类拥有如此惊人的认知和行为能力，这要归功于人类意识难以察觉、且很难随意控制的'无意识自我'的存在。"

潜意识的"假设"判断

正如我们所看到的，沃尔特·米歇尔和同伴认为，人们拥有一组独特的认知—情感变项，以决定他们回应社会世界的方式。他们认为，影响行为的"人格中介系统"由五个部分组成：编码（人们对自我、他人、社会情境的解读）；对自我与社会世界的期望；情感与情绪；目标与价值；能力与自我调控计划。简言之，他们认为，人们会把自己设想成各种不同的角色，以决定他们对某种特定情境的回应方式；例如，"如果我认为自己被忽视，我会很生气并想反击。"

在米歇尔的认知—情感系统的五个组成部分中，每一部分都带有适应性潜意识的特征，例如，对某种情境的习惯性编码。仔细想一下，我们该如何测量这些编码呢？一个简单的办法就是，让人们陈述对这些编码的解释或说明。如果人们发现自己被某人冷落，就会采用独特的方式回应对方，为了测量这种方式，我们可以编写一个问卷，让人们回答类似的问题：

假设你发现，在过去的几周内，老板都不太注意你。那么，你是如何理解这种疏忽的？从下面选出最符合你的一项：

（a）他/她对我的能力很有信心。

（b）他/她对我的能力缺乏信心。

（c）他/她太忙了——而这与我毫无关系。

人们对于类似问题的答案，或许可以揭示人们意识信念系统中的一些有趣的东西。然而，他们认为自己被忽视时所处的真实情境是什么样的，他们的适应性潜意识是如何解读这个真实情境的，他们给出的答案中几乎没有涉及这两点。回想一下适应性潜意识的一个基本特性，即人们无法察觉到它如何对信息进行筛选、解读和评估。因此，让人们陈述他们的无意识反应，这是毫无意义的。也许，人们也不清楚他们的反应。

或者，我们可以仔细观察人们的行为，并尝试推断适应性潜意识的"如果—那么"模式。尽管实践起来一点也不简单，但是这种方法可以不通过人的意识解释系统，而是直接进行无意识编码。米歇尔和同伴就运用过这种观察法。在一次研究中，他们对宿营里的孩子进行了长达数小时的系统化观察，并仔细留意了孩子们在不同情境下的行为方式。通过观察，他们能够发现一些"独特的行为特征"，借此来推论孩子们的"如果—那么"的心理解读模式。举个例子，他们对这些孩子在五种情境下的言辞攻击性进行了观察：当同伴逼近自己、当被同伴戏弄、当被大人赞美、当被大人警告、当被大人责罚。研究人员发现，一些孩子被大人警告后会变得极具攻击性，但在其他四种情境下却相对好点。也有一些孩子在同伴逼近后会变得具有攻击性，而在另外四种情境下情绪却比较平静。久而久之，每个孩子都会形成固定的"行为特征"。这似乎能反映出，孩子们会使用特有的方式去解读不同的情境。

尽管此次研究的结果非常明了——甚至是很明显的——但它却与多数人格心理学家对个体差异的研究方法形成了鲜明对比。若是特质论的研究者，他们会让被试填写一份标准问卷，并依据攻击性特征对被试一一归类。他们会假设每个孩子都具有一定程度的攻击性，以此来预测他们的行为，而不论当时身处何种情境。但是，显而易见，特质论的研究方法在此方面用处不大，因为它没有考虑到以下事实：（1）孩子的攻击性取决于他们解读情境的方式（比如，他们发现该情境具有危险性）；（2）每个孩子解读情境的方式不是完全相同的；（3）孩子们对情境的解读会随着时间流动形成固定模式；（4）孩子们是通过适应性潜意识去解读情境的。如果能把这些方面也考虑到，我们就能很好地预测孩子们的行为——总比只填写问卷，然后根据单一特质为每个人评分要好得多。

扫描模式：习惯性可进入性

用适应性潜意识辨别信息的一项标准是可进入性①，换言之，就是一种类别或构念的"活力"程度。以夏洛特（Charlotte）和西蒙（Simon）这两个人物为例。对夏洛特来说，"智力"类别比"友好"类别更具有可进入性，对西蒙而言，正好相反。这就意味着，当见到新同事玛莎（Marsha）时：西蒙可能更注意并记住她是否友善；而夏洛特更可能关注她是否聪明。乔治·凯利（George Kelly）将这些可进入意识的类别定义为"扫描模式"，它会影响我们对社会环境的解读。

大量实验证明，这些"扫描模式"使人们得以快速而高效地对社会环境中的信息进行筛选。在一项研究中，研究人员给被试观看描述另一个人的24个句子，让他快速地念出来，平均两秒一个句子。假设你是其中一个被试；你正在读某一句，例如，"他承认了错误"，大屏幕上却显示着另一句，例如，"他从朋友钱包里偷钱"。你可能接收到超载的信息量，发现脑海中很难盛下所有信息，也不知道怎么才能清楚地形容此人。

除非存在另外一种情形：你拥有一个无意识的扫描模式，帮助你系统整理各方信息。早期一项研究发现，一些被试总是习惯性纳入"诚实"的类别。换

---

① 人以不同的姿势进入人孔或手持工具进入手孔，对机器、设备或装置进行装配、保养或维修工作的可能性。通过对从事不同的操作活动所需的空间容积尺寸的研究，可确保可进入性。（引自朱智贤主编的《心理学大词典》，北京师范大学出版社，1989年10月第1版，p360。）——译者注

言之，诚实是他们评价他人的首要特质。而对于其余的被试而言，诚实并非他们的"习惯性可进入"类别。通常，他们也不是以诚实作为评价他人的第一特质。在这项实验中，习惯性可进入"诚实"类别的被试觉得，很容易就能读完这些句子，并形成对他人的印象，因为这些句子的内容大都与诚实有关，处理这些句子也会有心理准备。反观不习惯可进入"诚实"类别的被试，他们更可能觉得，接收到的信息量超负荷，某人很难给自己留下某种印象，而且，连当时读过的句子几乎都不记得了。看上去似乎是，我们越是可进入哪种类别，我们对此方面的信息就越敏感。而且，对敏感信息的获取速度极快，意识通常察觉不到。

然而，人们如何在第一时间习惯性可进入某种类别（例如诚实）呢？乔治·凯勒指出，人们会发展出各种构念，以便对周围环境进行解释、预测。根据生活背景和教育经历的不同，人们会形成各自固定而独特的世界观。一些人或许认为，诚实的构念对自己有用；而另一些人则认为，友善的构念更有用处。见到新朋友时，我们更可能习惯性可进入某种特定类别的构念，例如，我们会把对重要人物的既存印象运用到对新接触者的评价中。

移情（transference）：新旧交替

在珍纳·马尔肯（Janet Malcolm）的作品《难以探触的心：精神分析的不可能任务》（*Psychoanalysis：The Impossible Profession*）中，精神分析师 A 向分析师 B 提出这样一个问题："如果在一种人际关系中，人们不是客观地看待彼此，而是从自己婴儿期的需求和冲突出发去看待彼此，对此你有什么看法？" B 分析师回答说："这就是生活。"

学术界将弗洛伊德对移情（将自己在婴儿期对父母的感觉转移到他人身上）的发现称为他"最有独创性、最具根本性的发现"。弗洛伊德重点关注的是，在人们与精神分析师的关系中，意识的性驱力、攻击驱力（譬如恋亲冲突）的呈现方式是什么样的。美国著名精神医学家哈里·斯塔克·沙利文（Harry Stack

Sullivan）和女性精神分析大师梅兰妮·克莱恩（Melanie Klein）对移情持有一种更为宽泛的理解，他们探讨了人们过去的人际关系如何影响对新接触者的评价。

按社会与人格心理学家苏珊·安德森（Susan Andersen）的话来说，对移情最好的解释，不是站在精神分析角度，而是将其看作无意识的社会信息处理系统（即适应性潜意识）的一部分。正如在第一章我们对潜意识存在原因的探讨，安德森认为，我们没有必要假设移情来源于潜意识动机，因为人们会通过潜意识动机将诱发焦虑的想法和感觉掩藏起来（例如，"我爱他，因为他长得像我父亲"）。安德森反而觉得，从社会认知的现代研究角度出发，将移情看成是日常生活的正常化运作，这才是对移情的最佳解释。她主张，我们对他人的心理表征（mental representations）[①]，与其他"习惯性可进入"类别一样，都储存于我们的记忆之中，因为对重要人物的心理表征是与自我相关的，它能迅速深入脑海并成为习惯性可进入的类别，用来了解、评价新认识的人。简言之，"诚实"或"友好"的构念能够"活化"，并运用到新接触者身上，同样，特定人群，例如"我的母亲"或"亨利（Henry）叔叔"的构念也可以如此。

在一项特殊的研究中，安德森首先让被试说出一个重要人物的名字，并回答"这个人像谁"的问题。之后，在另外一项看似不同的研究中，让被试看一些对其他人的相关描述，而他们与这些人素未谋面。研究人员从中做了一些手脚，好让其中一个新接触者与被试心目中的重要人物的特征相像。就好比，你是研究的被试，你需要对一些新接触者进行描述，而你发现，其中一个人和你生命中的重要人物（例如你的妈妈）的特征很像。

安德森和同伴发现，如果人们新认识的人跟自己心目中的重要人物很像，那么对他们的反应就会大有不同。他们或许能记得与此人有关的一些事，对此人的评价也与对重要人物的评价相类似。举例来说，如果你和妈妈的感情深厚，而新认识的人长得很像妈妈，那你就会用积极的方式回应对方。如果你和妈妈

① 认知心理学的核心概念之一，指信息或知识在心理活动中的表现和记载的方式。——译者注

的感情不好，你肯定也不会喜欢和她相像的新接触者。

那么，人们对移情过程的意识程度有多高？安德森认为，此过程的发生速度很快，且是无意识的。在这个过程中，人们并不会说出诸如"嗯，苏（Sue）很像我妈妈，所以，我猜她是一个热心、有教养的人"的话。相反，适应性潜意识会依据易接近的类别——在此指的是，我们生命中的重要人物的易接近心理表征——来迅速地筛选、解析、评价新信息。在一项支持该观点的研究中，如果有信息显示，目标者与你下意识里想到的那个重要人物很像，那么移情过程就会发生。即使人们并未意识到，目标者与自己心目中重要人物的特征有些相像，他们依然会把对重要人物的感觉"转移"到目标者身上。移情过程发生在意识之外，如果要研究人们对新接触者的反应的个体差异，这不失为一个重要资源。

对倾向于精神分析的研究者来说，安德森的研究结果，或许与我们所了解的移情、客体关系是相一致的，在某种程度上确实是这样。而对适应性潜意识具有实证主义倾向的学者却认为，安德森的研究结果在两方面都是很新颖的：首先，安德森发展出一种新方法，以便在控制实验中能够系统化地研究移情；其次，在她看来，现代社会认知理论能够很好地解释移情［例如，有关各种"习惯性可进入"构念的想法，包括对重要人物的可进入构念（mangerment of anxiety）是如何影响人们的判断和行为的］，无需引入其他理论构念，例如抗拒（resistance）、压抑（repression）、焦虑管理等。移情是适应性潜意识日常运作的一部分，并非指在动力潜意识下情绪"狂欢作乐"时必然会形成的表现。

依恋（attachment）的运作模式

关于过去人际关系产生的潜意识影响，围绕依恋关系的研究提供了又一个论据。一开始，该研究结果主要专注于婴儿对父母形成的依恋关系的内部运作模式，通过观察实验室（即所谓的陌生情境法）被试婴儿对其父母及陌生人的反应，就可以测量出这种依恋关系。请父母离开房间几分钟后再返回来，然后观察婴儿对这种分—合作何反应。从婴儿的反应看来，研究者将婴儿的依恋运作模式划分为三种：安全型、回避型和焦虑矛盾型。具有安全型依恋模式的婴儿，当父母离开房间，他们会很悲伤，而等父母返回，他们又会寻求抚慰。父母对自己孩子的需求很敏感，有求必应。具有回避型依恋运作模式的婴儿，他们的父母通常会拒绝孩子的亲密需求，在实验中，当父母离开后，他们不会悲伤，当父母返回后，他们也不会寻求安慰。具有焦虑矛盾型依恋模式的婴儿，他们的父母对孩子通常处于两个极端，有时漠不关心，有时过度亲密，这个类型的婴儿担心其他人不能回应自己的亲密需求，所以在实验室里，他们紧盯着父母，生怕他们离开。最近，研究者把第四种依恋模式称为"紊乱型"。该类型的婴儿会表现出某种混乱的反应，例如，当父母离开时会放声大哭；可是，当父母返回来时又不理睬。一些研究者认为，拥有紊乱型依恋模式的婴儿，他们的父母很可能是受压抑或受忽视的人。

研究人员假设，将这四种依恋模式内化，并用来引导人们如何回应父母以及父母之外的人。研究人员做过一项实验，在一个儿童2岁时，评量其属于哪种依恋模式，然后在其10到11岁时，观察其在夏令营中的行为。与具有回避型或焦虑矛盾型依恋模式的儿童相比，在夏令营中，具有安全型依恋模式的儿童更愿意和同龄人在一起。

近年来，研究者对成年人的依恋模式进行了研究。他们认为，人们在看待重要的过去关系时，例如与父母的关系，会采用习惯性的方式，这使他们不能正确地理解自己在当前关系中的行为，尤其在与恋人的关系中。评量成年人的依恋模式，其中一个办法就是，让被试讲述他们对恋爱关系的感觉，假设他们能轻易获取并讲出这种感觉。在一项实验中，研究人员给出关于成年人的三种依恋类型的描述，然后让被试选出最符合自己的那一项。例如，你选了以下这一项："我觉得其他人不愿意和我很亲密。我经常担心我的另一半不是真的爱我，或者不想和我在一起生活，我想和他/她完全融为一体，这个想法有时会把他们吓跑"，那么，你成年后的爱情关系就归为焦虑矛盾型的范畴。

测量成年人依恋类型的另外一种方法是成人依恋访谈（Adult Attachment

Interview，简称 AAI），主要是进行一个长时间的访谈，就被访谈者与父母的关系来询问他们一些问题。访谈者不仅要留意被访谈者的陈述内容，还要留意他们的讲话方式、面部表情和肢体语言。采用此种方法的研究者认为，被访谈者并不会完全意识到他们的依恋运作模式，因此我们需要推测，究竟是哪些运作模式促成了人们在访谈中的行为。成人依恋访谈法似乎能有效地测量成年人的依恋模式，因为它能预测出一些广受关注的话题，例如，青春期的问题行为（比如犯罪、吸毒、旷课、怀孕等），以及父母与孩子建立的亲子关系。

谈到这里，一切已变得相当明了：有两种测量成人依恋模式的方法（自陈量表①和成人依恋访谈），这两种方法的效果都不错，因为他们都能预测出一些引人注目的社会行为。惟一的缺陷在于，两种方法的关联性不太好，如果希望两种方法的测量结果相一致，这种比率或许只比随机猜测高一点。

出现上述问题，可能是因为，目前技术只能通过测量来区分不同的依恋模式。例如，成人依恋访谈主要关注人们对自己与父母关系的记忆；而自陈量表测量法则侧重于人们对当前恋爱关系的看法。然而，在该领域的多数研究者看来，人们对亲子关系的记忆，以及对恋爱关系的看法，都会受到同一内部依恋模式的影响，因此，这两种方法应该有关联性。

或许，成人依恋访谈想探究的是，已属适应性潜意识的依恋的习惯性层面，而自陈量表想找出的是，人们对自己依恋关系的意识信念。为何情况会变成这样？难道我们的心智系统是分离的，所以就连对一些基础性的东西（例如内部依恋模式）也有不同的定义？或许，不只是在心理依恋方面，在人格的其他方面也是如此。

---

① 一种自我评定问卷，即对拟测量的个性特征编制许多测题（问句），使被试回答，从其答案中来评鉴这项特征的量表，这不仅可以测量外显行为（如情绪、同情等），同时也可测量自我对环境的感受（如独居、欲望的压抑等）。（引自朱智贤主编的《心理学大词典》，北京师范大学出版社，1989 年 10 月第 1 版，p989。）——译者注

双重动机与目标

如果你要设定一些重大人生目标，那么，亲密关系、成功、权力必定名列前三。人格心理学对这三类动机的研究由来已久。确实，当时的心理学家，诸如默里·亨利（H.A.Murray）和戴维·麦克利兰（David McClelland）都认为，人类对归属感、成就和权力的需求层次属于人格的范畴。

越来越多的证据显示，这些动机是适应性潜意识人格的重要部分。默里和麦克利兰假设，人们不需要意识到这些基本动机，但它们必须是可直接测量的。他们主张采用主题统觉测验（Thematic Apperception Test，简称 TAT），即让被试看着标准图案编故事，这些现编故事可以解密他们对归属感、成就、权力的需求大小。

为了测量动机，其他研究人员编制了一套外显的自陈量表，假设人们能够意识到自己的动机，并可以自由表述。争议随之而来，争议的焦点在于：在测量动机时，主题统觉测验与自陈量表测量，哪个效度最大。在我看来，两种测量方法都是有效的，只是探究的动机层次不同：一个针对适应性潜意识层面的动机，一个针对人们意识解读系统内的动机。

在一篇备受瞩目的文献述评中，戴维·麦克利兰和同伴论述了他们的观点。首先，他们指出，自陈量表测量和主题统觉测验之间是毫无关联的。如果在自陈量表测量中，莎拉（Sarah）说自己对归属感的需求最高，但其实我们也知道，主题统觉测验的结果并不能显示莎拉所陈述的、无意识的归属感的需求层次。其次，他们认为，两种方法都是测量动机的有效方法，只是测量的动机类型不同。主题统觉测验主要用来测量内隐动机，而外显的自陈量表主要测量自我归因动机。

内隐动机生成于童年时期，之后逐渐变成自动的、无意识的需求。自我归因动机是指人们对于意识需求的想法，不同于无意识需求。麦克利兰陈述了一项研究，在该研究中，研究人员分别采用主题统觉测验和自陈量表对人们的归属感需求进行测量。根据主题统觉测验对人们的归属感需求的测量，可以预测出，在连续几天被不间断的"丁零零"电话铃声烦扰之后，人们是否还会和他人交谈，而自陈量表测量却没有此功能。自陈量表对归属感需求的测量，可以更好地预测较审慎的行为反应，例如，单独行为与合作行为（比如，参观博物馆）之间，人们会如何作选择。依我们看来，不论是适应性潜意识，还是意识解读系统，各自都有一系列的需求和动机，从而对人的各种行为产生影响。

无意识动机与意识动机相分离，可能类似于我们之前探讨的无意识依恋模式与意识依恋模式的相分离。此特征同样适用于其他类型的动机，譬如依赖需求（与他人进行沟通、互动的欲望）。研究人员已发展出一些测量依赖需求的工具，有些是外显的自陈量表，有些是内隐的投射测验①。两种测量工具的相关性中等，且倾向于预测各种不同行为。此外，很显然，在外显的、有意识的依赖测量中，女性评分较高；而在无意识的依赖测量中，男性的评分则较高。依赖的间接测量似乎想探究无意识动机，而自陈量表测量则想找出意识层面的自我归因动机。

我们看自己和别人看我们一样吗

假如我们有双重人格——无意识人格与意识人格，两者都会诱发个体的独特行为——那么，别人是如何了解我们的？一想到这就很有趣。我们无意识的、无控制的行为会反映我们的内隐动机和特质（例如我们对归属感的内隐需求），而可控制的、审慎的行为则会反映我们的外显动机，两类行为都会让我们给别人留下印象。至少从某种程度上讲，人们似乎可以留意到他人适应性潜意识的外显行为［例如，"吉姆（Jim）说自己很害羞，但他却是个聚会狂"］，若事实果真如此，那正可谓当局者迷旁观者清。正如理查德·罗素（Richard Russo）的书《正直的人》（*Straight Man*）中的一个人物所说："事实上，我们从未真正

---

① 心理学上用来测量人格的一种方法。是指以没有结构性的或没有固定意义的测题，引起被试的反应，借以考察其所投射的人格特征的品质的一种测验。（引自朱智贤主编的《心理学大词典》，北京师范大学出版社，1989 年 10 月第 1 版，p681。）——译者注

了解过自己……每次都是事后才知道，自己做了什么……这就是为什么我们会结婚、生子，会需要父母、同事、朋友，因为他们更了解我们。"

这一惊人结论也是有理论支撑的。首先，人格的自我评定，以及别人对你人格的评定，两者的相关度并不高。这种相关度，部分取决于你的人格特质，例如，关于你人格的外向程度方面，你与别人的观点通常一致；但在其他人格特质上，你与他人的共识度不高（相关系数在 0.4 左右）。可见，在苏西的亲和度、责任心如何这一问题上，苏西的自我评定与朋友的评定两者的相关性处于中等水平。

再者，对某个人的评定往往是，评定者们之间的一致性，高于他们与被评定者之间的一致性。评定苏西是否有亲和力、责任心，简（Jane）、鲍勃（Bob）、山姆、德尼莎（Denisha），他们彼此之间对此的一致性，要高于他们与苏西的一致性。

但是，谁更"准确"呢？是苏西更了解自己的亲和度，还是她朋友更了解呢？为了找到该问题的答案，一些研究者进行了研究，试图发现谁能更好地预测一个人的真实情况：是本人对自己人格的自我评定，抑或他人对此人的人格评定。例如，我们想要预测出苏西见到初试者时的紧张程度，那么，苏西如何陈述自己的内向程度和亲和度，他朋友的看法又是什么，两者之间哪个更胜一筹呢？有证据表明，较之被评定者的自我陈述（苏西的自我评定），同龄人的陈述（苏西朋友的评定）能更好地预测被评定者的行为。正如一项研究发现，当谈到大学生见到初试者时的紧张程度和健谈程度如何时，即使和这些大学生只有一面之缘的人，对此的预测性也好过大学生本人。

此外还有一些研究发现，人们对他人行为的预测，要好于对自身行为的预测。当研究人员问被试学生，在校园慈善义卖活动中，他们是否愿意花钱买一束鲜花，被试学生的预测都极度乐观：83%的学生说自己会买，但实际上只有43%。当问及其他学生购买鲜花的可能性时，被试学生的预测结果却很准确：他们预测有56%，与实际数据43%更接近。在另一项研究中，被试预测，自己会将每次实验的平均所得2.44美元捐给慈善机构，而其他被试只会捐1.83美元。

若再来一次，他们对别人的预测会更接近实际数据 1.53 美元。

人们为什么不能准确地预测自己的行为，原因之一是，他们"自命不凡"且认为，自己比普通人更能做出符合道德的善举。原因之二是，人们会通过各种不同信息来预测自己与他人的行为。我们主要根据过去积累的经验（普通人会怎么做）去预测他人的行为，还会根据我们的预感（"或许，打算买花者，他们压根没有遇到一个卖花人"）去预测人们可能遭遇的各种情境限制。而在预测自身行为时，我们更多地根据有关自我人格（"我很乐于助人"）的"内部信息"。之所以出现上述情况，原因有二：首先，仅依靠内部信息预测，容易忽略行为的情境限制，例如，他们不会遇到卖花人的这种可能性；其次，正如我们所见，人们的内部信息不能完全概括他们的人格，所以预测结果并不完全准确。

然而，自己与他人，谁能更好地评定我们的人格，为了找出这个答案，仅凭知道谁的评定更准确，这并没有多大意义。关于苏西的人格，苏西自己和朋友或许持不同的看法，但在某种意义上，两者或许都"正确"。她朋友可能更倾向于苏西行为中揭示出的适应性潜意识，尤其是她意识未察觉到、不受意识控制的行为，例如，初见刚认识的人时，苏西会有多么坐立不安并频频摆弄头发呢。而另一方面，她在一种新的社会环境中的紧张程度如何，苏西自己则可能会根据她的一般理论（普通人会怎么样）来预测自我行为。

在预测苏西无意识的、未察觉到的未来行为时，苏西的朋友或许更准确，比如，初次见面时，她的紧张程度看起来如何。但是，在预测苏西意识内的、更审慎的行为时，苏西的自我观点或许更准确，比如，她是否决定去相亲。苏西拥有一个意识建构的自我，这与她的适应性潜意识或许不同步，但依然能够预测出她意识内可察觉、可控制的行为。

第三节 不可靠的自我界定

独立于适应性潜意识人格外的意识自我，它的本质是什么？关于自我构念，研究人员做了大量的研究，例如，它如何协助人们整合信息、解读模糊信息、引导人们行为，此项研究还探究了自我发挥的不同功能、自我的情感内蕴以及自我的文化差异性。

然而，当谈到自我构念的意识程度或者无意识程度时，自我理论学家却持保留意见。在我看来，要想明确一些令人困惑的研究发现（例如，对预测行为的人格所做的内隐式与外隐式测量，在前面我们已探讨过），关注此方面是大有必要的。我们应该区分两个方面，一是存于适应性潜意识的自我概念的内容，一是构成自我的意识概念的内容。

丹·麦克亚当斯（Dan McAdams）曾经对意识自我概念的一个重要部分进行过研究，即人们建构的关于自我的生命叙事，麦克亚当斯将此描述为，人们对过去、现在、将来所作出的连续性叙事。他认为，这些叙事发挥的主要功能是，将自我的各部分整合成连贯一致的同一性整体，这种同一性整体具有长期稳定性，而且会随着时间变化得到不断的修正和完善。麦克亚当斯的研究结果显示，这个审慎的系统将自我的各个分散部分整合到一起，形成一个连贯的生命叙事。

在麦克亚当斯看来，生命叙事与客观现实不是完全一致的，也不需要一致。与其说，它们是以事实为基础对客观历史所进行的叙述，倒不如说，它们是对人们生命的解读。然而，生命叙事并非完全是人们编造出来的，有些人讲述的人生故事与他们的实际生活完全不符合，这些人通常会被送进精神病院。一个好的生命叙事由哪些方面组成，麦克亚当斯的一个衡量标准是：它有多少事实依据。

尽管生命叙事对人格设定了一种建构性取向，但其他人还是质疑，这些叙事在决定人们行为时会发挥多大影响力，或者只是事后诸葛亮。人格心理学家罗伯特·麦克雷（Robert McCrae）将该问题形象地描述为："我还不太了解生命叙事的构成。难道它是引导我们生活的统一主题，就像支配天气系统的气流一样？抑或只是一种副现象①，通过一种符合偶然性的形式来传达人生经历的主旨，而生命叙事只是对这种传达的某种文饰与润饰？"

在本书第三章，我们探讨了有关意识角色的话题，而麦克雷的问题正好抓住了该话题的症结所在，例如，这是否就跟在电子游乐场玩耍的小女孩一样，没有投币就转动赛车方向盘，而且并不知道自己正观看的是该游戏的演示程序，而她的这一行为完全没有受到意识动机与目标（充当"代理人"角色）的影响，"代理人"认为小女孩控制着自己的行为，而实际上则不然。

当然，上述观点颇有些极端。就好比将意识比喻为总统罗纳德·里根式意识一样，显而易见，人们关于自身特质和动机的意识信念扮演着一种因果角色（虽然程度没他们想得那么深）。意识自我系统不完全是副现象；正如我们所见，关于依恋和动机的外显意识信念，会对一些重要的社会行为产生影响。

例如，很多理论学家指出，针对人们应该或者可能会成为的那种人，他们所作出的意识建构是十分重要的。在精神分析理论中，孩子们会以他们父母对道德观的看法为依据发展自我理想，并将其作为超我的一部分，而且，当人们面临道德困境，经受各种情感挫折时，这种自我理想会对人们的最终选择发挥重要作用。社会心理学家也探讨过建构可替代自我的重要性。人们会有三种自我构念：理想自我（例如一位成功的律师）、可能自我（例如父母）、现实自我（例如流浪汉）。可能自我是自我期望和自我恐惧的意识构念，从某种层面上来讲，这些意识构念影响着我们的行为。

总之，当人们描述自我人格时，通常会陈述他们对自我的意识理论与构念，而这可能会与他们适应性潜意识中的特质与动机相一致，也可能不一致。

---

① 副现象论是指认为意识是行为产生的附带现象而不起任何作用的心身关系理论。——译者注

第四节　自我究竟源于何处

如果人们拥有两种"自我"——关系疏远的无意识自我与意识自我——那么，两者各自源自哪里？有证据显示，适应性潜意识中的某些性情，例如气质（temperament），具有遗传基础，当然也受到文化和个人经历的影响。适应性潜意识的一个特征是自动性，因此，它是以一种快速的、无意识的、毫不费力的方式去处理信息。将意识构念变为自动性的方法之一就是，反复多次运用。人们并非生来就具有米歇尔所讲的"如果—那么"观念模式，也没有社会心理学家所讲的"习惯性可进入性"构念。这些观念植根于童年经历，经过频繁使用就能变为一种自觉行为。

那么，是哪种童年经历呢？戴维·麦克利兰和同伴提出了一种假设：无意识动机始于婴儿早期，而意识的、自我归因的动机是更为外显的家庭教育的结果。为了验证这一观点，麦克利兰和同伴对 30 岁出头的成年被试进行访谈，对他们的无意识动机（例如在主题统觉测验中对图片的反应）和内隐意识动机（在自陈量表中的反应）分别进行测量。该研究有趣的一点在于，被试的妈妈在 30 年前曾经接受过研究人员的访谈，讲述了自己的育儿经历，从而使研究人员得以测量出成年被试的内隐与外显动机的程度，这与被试的妈妈 30 年前讲述的育儿经历息息相关。

也有证据表明，被试母亲在婴儿学语前的育儿经历与被试的内隐而非外显动机是有关联的。例如，在成年被试样本中，母亲定时哺乳的程度与被试的内隐而非外显的成就需求有关，而母亲对孩子的哭声无反应的程度与被试的内隐而非外显的归属感需求有关。习语后的童年经历更多地与被试的外显而非内隐动机有关。如果父母教育孩子被别人挑衅时不要反击，那么，这与孩子外显而非内隐的归属感需求有关；假若父母会给孩子设定明确的学习任务，那么，孩子更可能拥有外显而非内隐的成就需求。

因此看来，无意识和意识自我会受到文化和社会环境的影响，只是影响的方式不同。早期的情感经历会塑造儿童的适应性潜意识，而且具有文化根基，所以，父母的育儿经历具有很明显的文化差异。此外，人们形成的自我意识理论也会受到文化和社会环境的影响。

第五节　积极的自我与消极的自我

为了更好地理解我们的无意识人格特质，我们不能仅仅揭开蒙蔽我们想法的面纱，因为我们的观点一般是间接产生的。相反，我们是被迫对无意识人格特质做出基于经验的猜测。

可是，人们为什么最终没有意识到，自己的意识概念与无意识人格是不一致的呢？难道并非看上去那样，有朝一日人们终会发现，他们不是自己想要成为的那种人？亨利·希金斯为什么最后没有发现，自己并不是那个憎恶脏话、有教养、仁慈的绅士呢？人们为何能与真正的自己有着如此大的差距呢？

这一方面是因为，人们受到鼓励，偏好用过于乐观的眼光看自己，而很少仔细去看自己的缺点。大量研究结果显示，在一定程度上，积极的自我评价是有益于身心健康的。毕竟，认为自己比真实的自我更受欢迎、更外向、更友善，这样做没什么不好。

另一方面是因为，人们一旦发展出一种关于自我的意识理论——或许，是外显式家庭教育的结果——就很难再否定它。或许，我们更多地注意到意识理论而不是潜意识理论指导下的行为发生的频率。即使我们察觉到两者的这种不同步，也会很容易反驳这只是个例外。当管家皮尔斯太太向亨利·希金斯指出，就在那个早上，他说了骂人的话"去你的靴子，去你的黄油，去你的黑面包"，希金斯回应说："啊，那只是为了双声叠韵的关系，皮尔斯太太，那正是诗人的本色。"一个爱说脏话的粗鲁之人，完全不会出现在希金斯的自我叙事中，所以他很轻易地反驳了人们的指证，并自圆其说。

然而，我们肯定不希望自己的意识概念系统发生紊乱。在有些情况下，我们可以很好地意识到我们的缺陷、能力和期望。例如，在选择职业时，求职者最大的优势在于，能够知道自己的无意识人格是否能较好地适应律师、营销员或马戏团演员的生活。

相异的意识和无意识"自我"的不同步会造成什么后果，很少有研究涉及此方面。但约阿希姆·布伦斯坦（Joachim Brunstein）和奥利弗·舒尔特海斯（Oliver Schultheiss）的研究成果恰恰是这少数例外。在一些研究中，他们分别运用主题统觉测验和自陈量表测量法，对人们的无意识成就动机（成就与权力需求）和结社动机进行了测量。结果跟之前的研究一致，他们发现，就平均值而言，人们的无意识动机与意识动机的相关性很弱。

一些人的无意识与意识目标不一致，但有些个体的无意识和意识动机却相一致，他们比前一类人也更能呈现出较佳的精神状态。在一项研究中，研究人员针对学生刚开学时的无意识和意识目标进行测量，并在接下来的几周内对他们的精神状态进行跟踪测量。研究发现，随着新学期的开始，无意识与意识目标一致的学生，他们的精神状态提升很快；而两者不一致的学生，结果正好相反。如果一种意识理论，至少在某种程度上与他们的适应性潜意识人格具有相关性，那么，发展这种潜意识理论对人们来说就是有利的。

在了解该怎么做之前，除了适应性潜意识人格的本质方面，我们还需要看一下适应性潜意识的其他方面，这些方面通常会被人们忽略。譬如，人们是否能清楚地意识到自己的感觉、判断、行为产生的原因？

第五章
我们为何如此反应

　　我们或许很难发现，人格中那些根深蒂固的方面如何影响我们的行为，但却很容易知道，我们生约翰的气是因为他爽约，我们难过是因为祖母生病，我们感到恶心是因为吃了一整碗的蛤蜊。很显然，我们善于发现即时情境如何影响我们；否则，在下次聚餐时，还是不能轻易地认出蛤蜊。但有时候，我们可能不太清楚自己感觉和信念的根源。越来越多的证据证明加扎尼加和勒杜的直觉是正确的，即我们的自我意识通常不知道自己反应的原因，所以不得不去虚构原因。

　　你或许认为成年人可以一直按照自己的意愿生活，但是在珍（Jean）看来，事实并非如此。如果你曾做过某事，通常要到事后才能知道你为什么这么做。

　　　　　——朱利安·巴恩斯（Julian Barnes）《盯住太阳》（*Staring at the Sun*）

　　如何很好地了解自己的判断、感觉和行动的动机？在心理学文献中有这样的例子，由于并不知道自己为什么要以这种方式回应，所以他们必须假定一种解释。比如汤普森（Thompson）先生的例子，他是神经学家奥利弗·萨克斯（Oliver Sacks）的病人，患有柯萨科夫氏综合征，也就是通俗意义上的健忘症，得此病的人不记得新近发生的事情。可悲的是，汤普森先生连刚刚发生的事都记不住。如果你向他自我介绍后离开房间，几分钟后再进去，他会完全不记得之前见过你。

　　汤普森先生的记忆究竟是怎样的？把意识想象成一个胶片，里面的场景是从上百部电影中拼接起来的。每过几秒钟，就有一个场景从一部新的电影中闪现出来，但是他们却与之前或之后闪现的场景毫无关联。由于汤普森先生并不记得之前的场景，所以每一个出现的场景都是崭新的，它们都有新的面貌、环境和对白。

.

如果你将编织人生故事的一连串记忆丧失，这简直就是可怕的浮士德（Faustian）[1]噩梦。但是也有一些好处：由于汤普森先生不能记住之前的"场景"，因此不会意识到自己的窘境，也不会介意这种不连贯的记忆。他的意识只关注当下，不去想他失去的东西。因此，他的全新世界中的每个场景都被他重新赋予了更加强烈的意义。他会自创一个新角色来解释他的"新"经历。

如果你走进他的房间，他可能会把你当成他过去经营的快餐店的顾客，问你是否需要五香烟熏肉或者火腿三明治。但场景很快就会切换，因为他会注意到你的白色外套，于是为你编排了一个新的角色——你是街上的肉贩子。很快，新的场景又来了。肉贩的衣服上经常会有血迹，而你的衣服上没有，所以他又认定你是一名医生。汤普森先生不会意识到这些变化着的角色之间的不一致性。对他目前的情况，他总能找到很好的解释，他并未察觉到这些解释在时时刻刻发生着变化。萨克斯这样解释这种现象："（汤普森先生）一直在即兴创作他周围的世界——一个天方夜谭的世界，一种幻觉，一个梦，那里的人、物以及场景似乎总在千变万化——不间断地、万花筒似的变化和转换。然而，对于汤普森先生而言，这并非一种渐变渐失的幻想或幻觉，而完全是一个正常、平静、真实的世界。对他而言，生活一如平常。"

汤普森先生的这种情况与被催眠者的表现是极其相似的。有一小部分人很容易被催眠，当他们收到催眠后暗示[2]就会停下手中的事情，但并未意识到为什么会这么做。G.H.伊斯特布鲁克（G.H.Estabrooks）注意到，当这种情况发生时，被催眠者"会为他的行为找借口，令人奇怪的是，尽管这些借口可能是完全不合理的，但被催眠者却倾向于相信它们"。他举出了下列例子：

---

[1] 德国民间传说中的一位著名人物，相传可能是占星师或巫师。传说中他为了换取知识而将灵魂出卖给了魔鬼。——译者注

[2] 指在催眠过程中，催眠操作者给予的一些让被催眠者在催眠唤醒后的意识清醒状态下发生影响的暗示。如果催眠师对被催眠者进行暗示，使其遗忘这个催眠后暗示，在催眠觉醒后，被催眠者经常会对这些暗示自动地作出反应。——译者注

催眠师对一位被试进行催眠并告诉他，当布谷鸟钟敲响的时候，他会走向怀特（White）先生，将灯罩套在怀特头上，然后跪在他面前"布谷"三声。事实上，怀特先生并不是可以开得起玩笑的人，他郁郁寡欢且毫无幽默感，如果他被恶作剧就会非常生气。但是，当布谷鸟钟敲响的时候，被催眠者就会严格按照催眠暗示行事。

"你到底在做什么？"怀特先生问被催眠者。

"好吧，我来告诉你。这或许听起来怪怪的，但它只是一个心理学小实验。我曾经读过幽默心理学，我想看看，如果有人开了一个很低俗的玩笑，大家会作何反应。怀特先生，请原谅我，我本无任何冒犯你的意思。"然后，被催眠者坐了下来，他丝毫没有意识到是催眠才使他做出刚才的举动。

关于虚构症[①]的一个结论性事例，可以参见迈克尔·加扎尼加（Michael Gazzaniga）和约瑟夫·勒杜对一些"裂脑人"所进行的研究。为了减少重度癫痫（其他治疗对此病毫无作用）的发作，在这些病人的大脑中，用来连接两个脑半球（胼胝体）的神经纤维被切断了。我们所了解的左右脑半球的差异，多数是来源于对这些"裂脑人"的研究。心理学家做了一个高明的实验，他们分别对两个脑半球展示图片和文字,看看这两个脑半球处理信息的方式是否相同。他们让病人盯住屏幕的中间，然后或左或右地闪现图片。由于视觉系统是结构化的，所以在左边闪现的图片直接进入了右脑半球，同样，在右边闪现的图片也直接进入了左脑半球。

其中一个令人难忘的实验是关于一名叫 P.S.的 50 岁的"裂脑人"。研究者对他的一个脑半球亮出图片，并让他用右手或者左手选择一张与刚刚看过的图片最相关的图片。比如，对他的右脑半球亮出了一张雪景图，然后再给出几张卡片：铁锹、螺丝刀、开罐器和锯。因为他的左手受右脑半球的控制，而右脑

---

① 指患者在回忆中将过去事实上从未发生的事或体验说成是确有其事。患者就以这样一段虚构的事实来填补他所遗忘的那一片段的经过。——译者注

半球看见了雪景，所以他能用左手轻易地选择铁锹卡片。但是当被要求用右手的时候，他却没有做好，因为这只手受左脑半球控制，而左脑半球并没有看见雪景图。

当研究者在同一时间给两个脑半球亮出不同的图片时，事情变得更加有趣了。例如，在一次实验中，他们对 P.S.的右脑半球展示了一张雪景图，对他的左脑半球展示了一张鸡爪图。他用左手拿起了一张画有铁锹的卡片（因为这与他右脑半球看到的雪景图有联系），用右手拿起了一张画有鸡的卡片（因为这和他左脑看到的鸡爪图有联系）。

然后，研究者问及 P.S.为什么要那样选择。和大多数人一样，P.S.的语言能力受左脑控制，他知道自己为什么用右手选择画有鸡的卡片（因为之前看到过鸡爪图），但是却不知道为什么会用左手选择铁锹卡片（因为雪景图只在右脑半球出现）。不过不用担心，左脑半球很快就有了答案："我看见了鸡爪所以选择鸡，而且你需要用铁锹清理鸡棚。"也许最值得注意的事情是，P.S.对自己的回答似乎非常满意，而且并不认为这是虚构的。用加扎尼加和勒杜的话说，"左脑半球虽然在选择时不能提供暗示，但却能解释选择这张图片的原因。"

在"裂脑人"、健忘症者和被催眠者之间，存在着一种奇妙的相似性。在每一个案例中，人们都很轻易地编故事来解释他们的行为和事件，并且没有意识到这些解释都是自己编造的，甚至连被催眠者对自己用灯罩恶作剧怀特先生这种荒谬行为的借口也是编造的。

那么，如何用这些例子解释其他人？幸运的是，我们中的多数人不像汤普森先生、被催眠者或 P.S.那样。据我所知，我有一个完整的胼胝体，能在左右脑半球之间传递信息。尽管我的记忆力不是特别好，但比汤普森先生好多了。而且我还知道，我没有被催眠，也没有接到催眠后指令去做一些奇怪的事。

由于汤普森先生、被催眠者和 P.S.与我们大不相同，随着越来越多"裂脑人"的出现，研究者们更加关注虚构症的研究。但是加扎尼加和勒杜却提出一个令人震惊的说法：我们都有编造解释的倾向，经常不知道做了什么、为什么做，所以会编造一种解释使这些行为具有最大程度的合理性。

这或许是一种全新的理论，根据一些脑损伤和脑手术患者的案例来看，所有的人都不知道他们行为的动机，因此才会有一个"虚构器"来解释原因。除了大脑受损导致一些能力丧失之外，在很多时候，大脑受损者的能力和不足，反而能为研究人类的本质特征提供视角。加扎尼加和勒杜还认为，两个脑半球之间的无连接状态，或许不能导致 P.S.那样的虚构症，但却更容易发现人类共同的虚构趋势。

第一节　了解生活的奥妙

人们的行为经常由他们的内隐动机以及对世界的无意识建构所决定。由于我们通过意识无法探触到自己特质的某些方面，所以我们不知道人格特质如何影响人们的行为。如果我们问某人，对一个初识者为何会有这样的印象，这个人不会这样说："我发现他有攻击性，因为攻击性是我的'习惯性可进入'人格"或者"我讨厌他对我的不在意，因为我与父母之间是焦虑的、矛盾的依恋关系"，因为我们并不知道自己的适应性潜意识的特征。

然而，人格并非行为的惟一影响因素。即时社会情境的本质通常会像人格那样影响人们的感觉、判断和行为。性格和社会情境之间的区别是人为造成的，当然，这是因为人们的人格经常决定他们建构情境的方式。当主管没有召开每周的项目会议时，乔或许会认为主管怀疑自己不能胜任工作，莎拉就会认为主管对自己的能力很有信心，没有必要检查下属。

尽管如此，社会情境仍然具有如此强大的能量，以至于每个人在建构情境时都能采用同样的方式，从而"克服"了人格差异。有时这种现象是非常明显的，比如，当一个窃贼用枪指着我们说："把所有的钱都给我！"我们应该都会服从，不管我们多么抠门，也不管我们对父母的依赖性有多大。有时候，社会情境的影响力并没有那么明显，就像斯坦利·米尔格拉姆（Stanley Milgram）论证的一样："人们被迫将几乎致命的电击传递给他人，这是多么容易的一件事啊。"

关键在于，人格不是影响行为的惟一因素，而且人们或许能更好地了解即时社会情境如何影响他们的感觉、判断和行为。我们或许很难发现，人格中那些根深蒂固的方面如何影响我们的行为，但却很容易知道，我们生约翰的气是因为他爽约，我们难过是因为祖母生病，我们感到恶心是因为吃了一整碗的蛤蜊。很显然，我们善于发现即时情境如何影响我们，否则，在下次聚餐时，还是不能轻易地认出蛤蜊。

但有时候，我们可能不太清楚自己感觉和信念的根源。就像莎士比亚在《威尼斯商人》的开篇部分所提到的："老实说，我不知道为什么我这样忧愁……我很难有自知之明了。"这说明我们并不了解自己。越来越多的证据证明加扎尼加和勒杜的直觉是正确的，即我们的自我意识通常不知道自己反应的原因，所以不得不去虚构原因。

给孩子起名的游戏

让我们从日常生活中的例子开始吧！为什么父母会选择自己中意的某个名字作为孩子的名字呢？众所周知，随着潮流的发展，孩子的名字也在不断变化。祖辈的很多名字在当下已经不流行了，例如，我的祖母叫露丝和马里昂，这些名字在如今的新生婴儿名册中很难找到。随着年龄的增长，你的名字可能已经过时或者早就过时了。

命名的潮流是新奇的，因为当父母给孩子起名时，通常会找一些新颖和独特的名字——没有人希望模仿别人。人们希望给女孩起名布里安娜（Briana）和麦迪逊（Madison），给男孩起名泰勒（Tyler）和瑞安（Ryan），但是同样"新颖"的名字因为太过流行，现在也就没有人用了。（2000年，上面的四个名字均排在美国婴儿名字的前10位。）为什么有那么多人给孩子起同样的名字，是因为它们的新颖性和独特性吗？

　　在我看来，其中一个原因是，人们并不知道自己为何会想到诸如麦迪逊和泰勒这样的名字。人们可能会由此而想到名字：从电视节目或者其他父母那里听到。如果父母能够意识到，他们想到某个名字是因为它已经变得流行，或许就不会用它［"噢，亲爱的，最近每个人的宝宝都叫杰西卡（Jessica）"］。如果人们没有意识到这一点，他们或许就会觉得这个名字很好、很新颖。

　　例如，几年前，我的妻子发现，阿什利·妮可这个名字在当地报纸的新生婴儿名册中极其常见。每周至少有一到两个新生女婴用这个名字。有一天，我在办公室与员工聊天，提到"阿什利·妮可"这个名字最近非常受欢迎。而我的一位秘书刚好快做妈妈了，所以最近很关注宝宝的名字，听了我的话，她非常沮丧地说："哦，不会吧，我还想给宝宝起这个名字呢！"结果，她和爱人最终给孩子起了别的名字。

　　心理学家也不例外，他们也没有意识到自己为什么会想到某一个名字。我和妻子给我们的长子起名克里斯托弗（Christopher），因为我们认为这个名字很特别，既不是很流行，也不像迈克尔（Michael）和约瑟夫（Joseph）那样俗气。但我们后来才发现，在那年，男婴儿中最常见的名字就是——你猜得没错——克里斯托弗。（虽然这样，我们仍然爱这个名字。）

　　我再举最后一个关于起名的例子：在 20 世纪 80 年代晚期到 90 年代早期，希拉里（Hilary or Hillary）这个名字很普遍，但在 1992 年以及之后出生的婴儿就很少使用这个名字。因为在 1992 年，比尔·克林顿（Bill Clinton）首次当选为美国总统，显然，希拉里是克林顿夫人（现在是参议员）的名字。现在你能理解为什么"希拉里"这个名字的使用频率突然减少了吧，因为克林顿夫人不受欢迎。谁想让孩子和不喜欢的人同名呢？然而，为什么连克林顿夫人的支持者和爱慕者也不太想用这个名字呢？可以这样理解：克林顿夫人现在是全国公众关注的焦点，他们觉得"希拉里"这个名字不再适合他们。人们或许会认为，这个名字如此遍为人知是因为克林顿夫人，因此他们会给孩子起一个更加"有新意"的名字——比如安娜和麦迪逊。

爱在桥上

这种洞察力的缺乏绝不仅限于起名字。想象一下，你现在单身，某天突然遇到一位很有魅力的女士。你很想进一步了解她，并希望对方也这么想。假设我会问你：你对此人为何会有这样的感觉？你答案的精确度有多高？

当然，你可以从某些方面准确回答这个问题，谈及此人的外貌、魅力以及迷人的微笑。但是社会心理学家研究表明，人们并不清楚自己为何会被某人吸引。他们在英国哥伦比亚的一个公园里做过一个实验，让一位迷人的女调查员在公园里找到一位男性，问他是否可以帮忙做一份问卷，该问卷是关于景区景点对人们创造力的影响的，属于传统调查项目的一部分。当人们完成问卷后，女调查员会感谢他们，并表示如果有时间她很乐意向他们详细解释这项研究。她会从问卷上撕下一点纸，写下自己的电话号码，并告诉填写问卷者，如果他想跟她多聊聊，可以电话联系。为了进一步研究女调查员对男性的吸引程度，研究者对事后给她打电话并约她的那些人进行了追踪调查。

研究者对男性首次见到女调查员的地点做了划分。有一半的男性是在横跨峡谷的狭窄独木桥上遇到女调查员的。要想穿过这座桥，人们需要弯着腰并且牢牢抓住脆弱的扶手，因为在强风下，这个桥会来回摇晃。另一半的被试已经过了桥并坐在长椅上休息。问题是，哪一组男性会更加迷恋女调查员：在桥上邂逅她的那一组还是在长椅上休息的那一组？

这个问题看似很荒谬。毕竟两个调查中都是同一位女性，而且不管在桥上还是长椅上遇见男性，这样的判断都太过武断。当女调查员在桥上把电话号码告诉填写问卷的男性时，他们的心跳加速，呼吸急促，身体也微微出汗。研究者预测这些男人会混淆他们的感受，他们并不知道这种生理反应的真正诱因。当然，在某种程度上，他们会意识到这种症状的出现是因为自己站在左右晃动的桥上。然而，研究者依然认为，这些男性可能会错误地判断他们被女调查员吸引的感觉。事实果真如此。因为站在桥上的男人中有65%给女调查员打电话并约她出去，而坐在长椅上的男人只有 30% 打电话邀约。由于人们并不清楚自己为何会出现这样的生理反应，所以他们认为，跟其他场合相比，在桥上更容易被某人吸引。

第二节　有趣的连裤袜和真空吸尘器实验

关于"我们搞不清楚自己反应的原因"的上述例子或许只是一些例外。在日常生活中，当人们解释自己为何如此反应时，精确度如何？这些解释的根据是什么？

很多年前，理查德·尼斯贝特和我想通过一些个别的实验找到这些问题的答案。我们将被试置于完全相同的情境中，保留一两个被我们变动过的关键性特征，并观察这些实验特征如何影响人们的判断或行为，然后，让被试去解释他们为何会这样反应，看看他们有没有提到被我们做过变动的实验特征。

其中一个实验是在梅杰的三十英亩商店（Thirty Acres）实施的，这是位于密歇根安阿伯市周边的一个仓储式超市，在忙碌的星期六早上，我和尼斯贝特在超市摆出的一张桌子上做了标记，写上："消费者意见调查——哪一个质量最好？"然后我们将四双尼龙连裤袜放在了桌子上，等待测试第一个驻足的过路人。我们没有做过市场调查员，也没有做过连裤袜生产员。这完全是社会心理学的效应：人们能清楚地解释喜欢这双连裤袜胜过另一双的原因吗？

为了回答这个问题，我们不得不找到一些能真正影响人们喜好的原因。在这里，正巧找到我们需要的答案。在早期的研究中，我们发现人们特别喜欢放在右边的物品。在连裤袜的实验中，位置同样起到了影响作用。袜子从左到右，依次标记为 ABCD。只有 12% 的被试选择 A，选 B 的有 17%，选 C 的有 31%，选 D 的有 40%，这个统计结果明显受到位置的影响。选 D 的人多，是因为 D 连裤袜的放置位置占优势，并不是因为 D 位置的连裤袜比其他位置的连裤袜质量更好，因为所有的连裤袜都是一样的——所有的被试都没有发现这一点。

当被试宣布自己的选择后，我们请他解释选择这双连裤袜的原因。被试通常会说出它们所选择的那双袜子的特性，诸如编织、透明度、弹性等。没有人会想到他们的选择竟与位置有关。当问及他们是否觉得连裤袜的摆放位置会对他们的选择产生影响，除一个人外，所有的被试都疑惑地看着我们并持否定态度。那个承认选择位置对其选择有影响的被试说，她学习了三门心理学课程，已经了解到位置的影响力了，所以她认为自己的选择或许是受连裤袜摆放位置的影响。然而，这位女性的选择却没有体现出位置的影响力——她选择了 B。

我和尼斯贝特很快就想到用另外一种方式来验证我们的假设：人们并不知道他们的感觉、判断和行为的原因。一天晚上，我们在迪克的办公室讨论研究方案。我们的进程很慢；似乎想不到任何好的主意。过了一会，问题出现了（或者是我们想到了）：我们被办公室外面一直运转的真空吸尘器吵疯了。突然，灵感来了：当我们坐在迪克的办公室里，为了研究一筹莫展时，都没有察觉外面真空吸尘器的噪音打扰了我们。或许这就是我们要找的情境：人们忽略的某种刺激（令人恼火的噪音背景）影响了他们的判断。

我们试着用下列一些研究来"填补"这个实验。让大学生来看一场纪实电影，并在看完后给出评价。迪克·尼斯贝特扮演一位建筑工人，在电影开始一分钟后，在门外开启一个电锯。电锯的声音断断续续地进行，直到作为实验者的我走出去请他在电影结束前不要锯东西。电影结束后，被试要表达他们的观影感受，即他们的愉悦感以及噪音对他们愉悦感的影响程度。为了证明噪音是否真的有影响，我们又增加了对照组，让另外一组被试在没有任何杂音的环境下观看一部电影。我们假设噪音会减少人们观影的愉悦感，但大部分人不会发现自己对影片的负面评价与噪音有关（正如我们最初没有意识到，真空吸尘器的噪音干扰了我们的会议）。

但结果证明我们完全错了。两组学生的观影感受一致，但在噪音环境下看电影的学生的愉悦感更强。然而，当我们询问被试噪音对他们的观影感受造成了多大影响时，他们的回答和我们之前的假设一样：大多数人认为噪音会降低观影的愉悦感。尽管最初的假设是错的，我们还是发现了一个问题：人们认为某种刺激物会影响他们的判断，但事实并非如此——这又证明了：在日常生活中，人们并不知道自己为什么要产生这样或那样的反应。

第三节　人们为何不清楚自己行为的原因

基于这些研究，迪克·尼斯贝特和我发表了一篇论文，在论文里指出，人们经常不能对自己反应的原因做出正确解释，是因为"没有或很少有更高级的内省来获得更高层次的认知过程"。你或许会和其他人一样，对我们只以连裤袜和电锯研究为基础就得出这样一种总结性观点提出质疑。很多评论家认为我们论文中的观点太过极端。我们认为，这些结论不仅仅是基于我们做过的研究；我们还调查了大量与我们结论（意识的缺乏以及不准确的因果陈述）相一致的文献资料，包括与达顿和阿隆的"爱在桥上"相似的许多实验研究。尽管如此，我们的论点同样会受到质疑。

在我们的论义中，最有争议的一部分或许是，人们在他们的心理过程中缺乏必要的自省。每一个人都知道，这种极端的说法是错误的。事实上，人们搞不清自己反应的原因，并不意味着他们的内心世界是一个黑盒子。我想起大量的信息，这些信息除了我以外没有人知道。除非你能了解我的想法，否则你没有办法了解一段具体的回忆，比如我高中时发生的一件事情：我将自己的午餐袋从第三层的窗户扔了出去，正好打中一位走到拐角处的体育老师。这不就是我拥有特权的例子吗——"内省能探触到更高层次的认知过程吗？"

尼斯贝特和我认为，人们确实拥有一些特权，能让他们获得与自己相关的大量信息，诸如他们目前的想法、记忆以及他们的关注对象。但这些都是心理内容，而不是心理过程。真正的心理活动是一种心理过程，能产生感觉、判断和行为。尽管我们通常能获知这些过程的结果——比如我扔午餐袋的记忆——但我们无法进入产生它们的心理过程中去。例如，我确实不知道为何会想起这段特殊的经历，就像连裤袜中的被试不知道自己为什么喜欢 D 胜过 A 一样。或许我只是看到一个长得像那位体育老师的人，听到一首当时的流行曲，看见一个像花生黄油布丁三明治的东西从我办公室的窗户外落下？谁知道呢。

然而，就像一些评论家所说的那样，心理内容和心理过程之间的区别并不是特别显著。假设我用收音机放歌听使我想起了扔午餐袋事件，也让我想起了被我砸到的那个老师是个摔跤教练，从而又让我联想到职业摔跤手胡克·霍根（Hulk Hogan），又由他想到了明尼苏达州的州长杰西·文图拉（Jesse Ventura）。那么，这个联想链中的每一个环节都是心理内容，还是说整个联想链是一个由听歌联想到杰西·文图拉的心理过程呢？

我认为，到目前为止，心理内容和心理过程的区别与适应性潜意识和意识的区别十分相近。换言之，尼斯贝特和威尔逊的观点可以概括为以下几条：其一，很多人的判断、情绪、思想和行为是由适应性潜意识产生的；其二，由于人们不能有意识地感知适应性潜意识，他们的意识自我虚构了他们反应的原因，就像汤普森先生、P.S.和伊斯特布鲁克的催眠对象一样。

换言之，人们的反应在某种程度上是由适应性潜意识引起的，他们并没有了解这些反应原因的特权，但是他们必须做出推断，就像我和尼斯贝特说的那样。不过从某种程度上来讲，人们的反应来自于意识自我，他们有获知这些反应原因的特权。简言之，尼斯贝特和威尔逊的观点在这些例子中是错误的。

意识的因果关系

但是，人们在何种程度上能对适应性潜意识和意识的衍生品产生反应呢？显然，适应性潜意识是很多行为的诱因，在这些例子中，我们不可能直接获知反应的原因。但至少在有些时候，人们还是拥有一个意识自我，从而产生了某种行为。

例如，我们在一家快餐店里，看到一位顾客点了一份鸡肉三明治，我们走过去问她为何要点这个。她或许会说："我通常会点汉堡、薯条和奶昔，但我今天更想尝试鸡肉三明治和无糖冰茶。它们味道很好而且更健康。"这确实是她在点三明治之前的想法，正好能回答她为什么要点这些食物——在明确情况下的一种有意识的因果关系。

事实果真如此吗？例如，几天前，快餐店的某位顾客遇到一个胖子，于是乎，他（她）想到了体重和个人形象的问题，也更愿意点一些脂肪和卡路里含量少的食物，而不是汉堡、薯条和奶昔。他（她）清楚自己这样做的部分原因——意识先于行动——但却不知道是什么触发了这些想法。这个例子表明，有意识的因果关系问题很难回答。几乎有很少的例子表明，一种反应纯粹是适应性潜意识或者是意识的衍生品。

这里衍生出一个问题：如例子所述，我们并不能清楚地看到先于行动的意识如何发生作用。就像第三章提到的，丹尼·韦格纳和塔利亚·惠特利认为，意识意志通常是一种错觉，类似于运用相关数据的"第三变量"问题。通常我们每产生一个想法，就会紧跟一个行动，并认为是想法促生了行动。事实上，这个第三变量，即一个潜意识动机，可能已经产生了意识的思想和行动。例如，看到胖子，就会想到健康食品，并点鸡肉三明治。意识思想或许不能引发行为，即使他们会产生这样的错觉。

韦格纳和惠特利的刺激理论表明：意识意志的错觉不能作为"意识思想确实会触发行为"的证据。意识思想的因果作用被过分夸大了，相反，它们通常是对适应性潜意识所触发的反应的一种事后诸葛亮式的解释。

你是否很想知道自己为何如此行为和反应

人们的虚构从何而来？假设有人让你去描述影响你日常情绪的主要因素，你会怎么做呢？从某种程度上来讲，适应性潜意识影响了我们的情绪，可是我们不能直接辨别这些影响。不过，这里有四种常见的信息类型供你用来创造一种解释：

共享的因果理论。 关于"人们为何如此反应"存在不同的文化理论，诸如"小别胜新婚"和"人们在星期一通常心情不好"等。如果人们没有一种现成的理论去解释一种具体的回应方式，他们通常会根据自己的文化形成一种解释。（"为什么简会和汤姆分手？"因为他总是把她的名字喊成她前女友的。）

观察个体反应与先前情境的共变。 人们可以观察自己的反应并推断作出反应的原因。例如，人们发现自己对什么东西过敏，并不是通过直接检查自己的消化过程，而是观察吃的主要食物（比如山核桃）和过敏反应（比如起了荨麻疹）之间的共变性。同样，人们会推断他们喜欢电影主演罗伯特·德尼罗（Robert DeNiro），他们心情不好是因为睡眠少于7小时，感冒了是因为天冷但出去没穿外套。

特质理论。 人们对反应的因果关系持有一种特质理论，这一般和文化差异有关，诸如去参加大型聚会经常会让他们感到沮丧。这些理论可能来源于对共变性的观察，例如，吉姆或许会发现在参加了几次聚会之后，他很沮丧。人们可以从他人那里学到特质理论。例如，某人的伴侣，或许会说："亲爱的，我注意你在琼斯的草坪聚会上、格林伯格的周年舞会上、山姆的生日会上都很不开心。你怎么了？"

个人知识（思想、感觉和记忆力）。 尽管我们不可能完全获知一个人的思想，但是人们在了解自己意识的思想、感觉和记忆上享有很大的特权，这些都可以让他们推断出自己这样回答的原因。如果吉姆感到难过，是因为他总想起家猫吃金鱼的情景，他可能不希望回忆金鱼死亡的画面，因为这样他会感到更加难过。

或许尼斯贝特和威尔逊的论点中最根本的部分是，尽管人们拥有很大的信息量，但他们对自己反应的解释并不比同一文化背景中的陌生人更准确。这种可能性是如何变成现实的呢？如果从电话簿中随机抽取一个陌生人（一点也不认识）的号码，此人是否也能和我们自己一样，知道我们为什么要这样回应？当然，我们拥有大量关于自己的"内在信息"，这是一种优势。假设我们是狂热的棒球迷，在每年的棒球季，我们的情绪都会随着自己喜爱的队伍的命运而波动。因为陌生人并不知道我们是棒球迷，所以，每晚都观看时政新闻的政治狂热者或者经常在易趣网上进行拍卖的投标人，他们怎么可能准确地知道是什么影响了我们的情绪呢？

无可厚非，我们比陌生人掌握更多的信息，因而更了解自己。然而，这些信息或许不会一直对我们的反应原因做出准确的推断。根据上面列出的四种信息，陌生人只具备一条——共享的文化理论。事实上，我们还拥有共变信息、特质理论和个人知识，然而，这种独特性能否成为一种优势呢？

首先，在这些个人知识中，有一些并没有看上去那么准确。这里有一个重要的证据：人们并不擅长有意识地观察他们的反应与先前经历之间的共变。有时，这种共变表现甚为明显，除了能发现它以外，我们什么都不能做，比如我们第一次吃了山核桃之后，马上就起了荨麻疹。更常见的是，在我们的反应产生之前往往发生过很多事件，我们很难分清哪一个才是反应的真正原因。因为这种困难，人们关于共变的信念通常是他们共享文化理论的一个功能，而不是基于对自己行为的准确观察而做出的推断。例如，不管人们多么努力，也不能从文化理论中找到任何证据来证明，外出不穿外套能增加患感冒的可能性。

此外，个人拥有的大量私人信息或许会令他们更难识别自己行为的动机，而深谙文化理论的陌生人却可能透彻理解。假设一名医学专业的学生刚学完有关糖尿病的知识，当他快速地站起来并感到头晕时，他或许会想："噢，我最好去验一下血，我可能是糖尿病早期，它阻碍了我的血液循环。"一个完全不知道这个学生学过什么、想过什么的陌生人，可能会说："头晕是因为他站起来的时候太猛了。"在这个例子中，陌生人或许是对的，这正好印证：人们的内在信息（学生对糖尿病的知识）会导致不正确的因果陈述。

人们对预测情绪的因素了解多少

内在信息经常能帮助人们理解自己反应的原因，从这一普遍规律看来，糖尿病的例子或许是个特例。为了搞清楚这个问题，我、帕特丽夏·莱森（Patrica

Laser）和朱莉·斯通（Julie Stone）合作进行了一项研究，观察人们能在多大程度上理解预测日常反应（即日常情绪）的因素，以及这些理解与完全陌生者的猜测存在何种联系。我们让大学生连续五个星期，每天都记录他们的情绪。这些学生要用几个能预测他们情绪的变量来进行每日的评估，诸如天气、与朋友的关系以及他们昨晚的睡眠时间。我们要对每一个被试预测的变量（如睡眠时间）与其日常情绪进行统计。五周之后，他们要去判断这种联系——比如，他们认为自己的日常情绪与睡眠时间有多大的相关性。通过对实际相关度与人们评估的相关度进行对比，我们可以发现人们预测情绪的准确度。

人们认为的一些预测变量是正确的，例如他们人际关系的好坏。大多数人相信这个因素会影响他们的情绪。然而，总的来说，这种准确度只是处于一种中等水平。例如，大部分人认为睡眠时间对他们第二天的情绪有影响，但事实却是：睡眠时间几乎对所有被试的情绪都没有任何影响。

接下来就要看看人们自身与陌生人了解情绪预测变量的准确度。我们让两组学生分别判断预测变量与他们大学中的"典型的大学生"的日常情绪之间的关系。这些学生不知道有关个体被试的任何事，也不知道他们的特殊习惯、特质或者个人想法。他们只能依据自己的理解进行判断。

显然，那些"观察"对象对被试情绪的猜测与被试本身的预测一样准确。和被试一样，这些陌生人认为与他人的人际关系是影响情绪的重要因素，这个观点是正确的。同时，他们也和被试一样，认为睡眠时间也能影响情绪，这次他们猜错了。被试掌握的关于自我的大量信息——他们的特质理论，他们对情绪和先前行为之间的共变的观察以及他们的个人知识——并没有使他们比陌生人预测得更准确。

造成这种结果的原因或许是，被试和陌生人对情绪进行预测时使用的是相同的信息，即共享文化理论。这可能使被试忘记了运用他们拥有的其他信息，比如他们的想法或者感觉。然而有证据证明，被试运用了其他信息。例如，陌生人普遍认为他们对情绪的预测运用了相同的、共享的基本知识——也就是共享文化理论。而在被试中，有很少一部分人认为他们对情绪的预测更多是基于特质理论。

　　很显然，从这个研究（及其他诸如此类的研究）中可以得出这样的结论：当人们对他们的反应（比如情绪）的原因以及预测变量作出推断时，运用了陌生人无法获知的信息：他们自己的想法和感觉。一个不太明显的结论就是：个人知识有利有弊。它能使人们比其他观察者推断得更加准确，比如，我能确定，某个职业棒球队的命运左右着我的情绪，然而，它也很有可能被我的内在知识误导。实际上，我喜爱的棒球队对我情绪的影响没有想象中那么大。一个不知道我是棒球迷的陌生人，运用共享理论后，可能比我自己对情绪的判断更准确。从几项研究的平均值来看，拥有个人知识似乎不占什么优势：人们分析自己反应原因的准确度和陌生人几乎是一样的。

　　如果你难以理解这个观点——简单地说，如果分析你的感觉、判断和行为的原因，一个陌生人和你知道的可能一样多——我承认自己也是这么认为的。想一想这个观点的含义——如果你想知道自己情绪的决定因素（可能是出于改善它的目的），你从一个陌生人那里得到的答案或许与你根据个人知识和过去经历分析得出的结论一样。

　　有关这个领域的调查研究并不是很多，就像在任何领域里一样，任何人都可以公开评论个人的研究。或许威尔逊、莱森以及斯通关于情绪的测量存在缺陷，又或许他们没有向人们询问一些有关预测情绪的关键因素，这些因素可以使他们比陌生人预测得更准确。进一步而言，我们无法得知，我们日常关注的人，他们的此类反应和影响能具有多大的代表性。如果对较大范围的反应进行研究，陌生人的因果陈述或许没有人们的自我陈述更准确。

　　尽管如此，目前我们还是很难发现自己比陌生人所占的优势在哪里。在第四章我们可以看到，有证据表明，当我们开始判断自己的人格（与判断具体反应的原因相反）时，其他人有时比我们更准确。尽管我并不建议你在电话簿中随便找一个人去验证这个观点，但我们可能都想更审慎地对待自己因果判断的准确性。

第四节　自我有时是一种幻觉

人们对于自己反应的解释始终是个谜。为什么我们没有意识到自己的解释是虚构的呢？它为什么没有陌生人的因果陈述更准确？该章节的主要观点是，在分析自己的反应原因方面，我们和别人的回答竟然是一样的，但我们为何毫无察觉呢？

一种解释是：人们能感觉出对自我的良好掌控，也能明白出自己为什么要这样做，这是非常重要的。当人们意识到对自己反应原因的理解还不如一个陌生人时，会使人们感觉到自己对生活的控制力在降低，从而使他们感到沮丧。

我认为，另一个关键问题是，大量的内部信息能打击我们的自信心。我们既然拥有如此多的信息，就必须能准确地解释反应的原因，即使我们做不到。假设你正在考虑投资两只因特网股票，你认为这两只股票具有同样的升值空间，你喜欢 Alpha.com 是因为你参观过这间公司并与董事长进行过深谈，你选择 Beta.com 是因为你在报纸上读过一篇相关文章。当然，你对 Alpha.com 的判断更加自信，因为你的判断是基于很多第一手信息。但这并不能保证第一手信息会使你的判断更准确。事实上，你可能会被董事长的热情和过度的赞扬所误导。同样，有关自身的大量内部信息增强了我们的自信心，但它并不总能带来更高的准确性。

如果是这样，那么真实性幻觉就会通过平分他们关于自己和他人的内部信息而减弱。假设你和最好的朋友在聊她多年前的沙滩度假经历，现在我问你，她为何选择在沙滩上度假。通常人们不会采用一般的理解，而是运用大量有关你朋友的细节来解释她为什么喜欢沙滩——事实上，你的朋友在沙滩上遇到了她的丈夫，爱使海水变成了甜的，海风吹起头发，掀起一股狂热的浪潮。你可能对于她热爱沙滩的原因解释很自信，因为你觉得你对朋友的了解远胜于她对自己的了解，所以，如果跟一个陌生人喜欢沙滩的原因相比，你自然会对朋友喜欢沙滩的原因解释更自信。

　　这虽然显而易见，但请你记住，这并不能保证你对朋友感觉的分析比陌生人更准确，因为额外的信息并不总是一定能给人们带来优势。回忆一下 P.S.的实验，通过利用他对铁锹、鸡和鸡笼的个人知识，他的左脑半球可以解释右脑半球的行为。P.S.拥有大量可以组成答案的信息，但没有一个与他右手选择铁锹的真正原因相关。

　　另外一种解释真实性幻觉的方式是限制人们关于自身的内部信息量，从而降低人们自我分析的自信心。当然，思维并不是一张硬盘，能够格式化。然而，同其他事物相比，我们的个人知识与一些判断的联系更大。假设我问你："你为什么这样看待这本书的封面？""你为什么认为一个陌生人会这样看待这本书的封面？"与关于朋友沙滩度假的个人信息相比，你判断这本书封面的个人信息量或许更少。因此，你更依赖关于人们为何喜欢这本书封面的普遍理论——你会用同样的理论来解释陌生人的反应（"我不清楚，我猜我喜欢它是因为它神秘且吸引人。"）。当然，事实上我们对任何事件都施加了个人知识的成分，你喜欢这本书的封面，很有可能是它让你想起了亨利叔叔或是你曾在古董店看到的照片。一般而言，人们会用较少的个人知识去解释自己的一些反应，但在解释别人的反应时却不是这样。在这些事例中，他们解释自己反应的原因或许看似不是特别牵强，而且与他们解释陌生人反应的原因更相似。

　　简言之，真实性幻觉随着人们解释原因时所使用的个人知识量而变化。但正如我们所看到的，人们解释原因的准确度似乎并不是随着他们使用的个人知识量而变化。

　　陌生人或许和我们自己一样了解自己反应的原因，我猜，这个消息可不那么受欢迎。现在，我们反而遇到一个更难解决的个人知识堡垒：人类的感觉和情绪。即使我们不知道自己产生某种感觉的原因，但我们确实知道我们拥有这些感觉。或者，难道我们也能知道自己产生某种感觉的原因吗？

第六章
了解自己的感觉

　　山姆注意到他的妻子在晚会上和一个非常有魅力的男人聊天。那位男士邀请他的妻子一起跳舞，她欣然应允。在回家的路上，山姆一言不发，当妻子问他是否有什么地方不对劲时，他诚恳地回答："没有，我只是感觉累了。"即使其他人看到他的行为会认为他在说谎，山姆依然确信自己没有嫉妒。第二天他意识到，当妻子注意其他男人的时候，他真切地感到了威胁。我们经常质疑人们对自己感觉的陈述，上述事例恰好强调了质疑的另一种方式：人们往往在事后意识到自己先前的感觉是错误的。

本（Ben）喜欢开玩笑说他是自己的创造物，因此他从来都无法确定
自己对一件事和一个人的真实感觉。我很好奇他是否从未尝试过解决问题，
并通过开发关于自身感觉的各种实验来终止这种痛苦的犹疑感。

——路易斯·贝格利（Louis Begley）《迟到的人》（*The man who was late*）

古语言："知其然不知其所以然。"当代一些情绪理论认为，心理过程产生
的情绪是无意识的，而情绪本身是有意识。像评价、情绪和感情这些情感反
应可能是意识的独特之处。然而，就像开篇引言所表明的，故事并不是那么简
单。通常情况下，感觉是有意识的，但是它们还可以驻留在心灵的任何地方。

第一节　我们的感觉并不总是对的

在本书探讨的所有问题中，最受争议的是潜意识感觉。实际上，一些哲学

家和心理学家非常不认可这个观点，他们认为"潜意识感觉"是一个矛盾词。如果现在我非常真诚地告诉你，我感觉到左腿在剧烈地疼痛，你会相信我吗？你可能会想"这个问题真奇怪"，"只要他不是在开玩笑或者说谎，那么他现在肯定正在忍受他所描述的那种疼痛"。如果这是你所想的，这很正常。许多哲学家，包括笛卡尔和维特根斯坦（Wittgenstein）都曾认为描述情感和感觉是不可能的。简言之，人们对于自己感觉的信念毋庸置疑。如果我说我的膝盖受伤了，这是自我描述也是事实的全部，因为我对自己的情感和感觉最有发言权，你没有理由怀疑我。

看看下面这个例子，玛丽·吉尔斯泰德（Mary Kierstead）的一个小故事。两个表亲回忆他们童年时期在家庭农场度过的那个夏天，当他们回忆到当地的小马托普的时候，布莱克（Blake）说：

"你知道吗，直到三十岁时，我才真正意识到我一直很讨厌那头该死的小马，它性情古怪、体态肥胖并且被大家宠坏了。它过去常常在我身上打滚，还在我站起来之前踩在我的脚上。"

"它还在你试着给它方糖的时候咬了你一口"，凯特（Kate）补充说。直到布莱克讲了这些话，凯特才意识到原来她也一直很讨厌托普。多年来他们一直说服自己喜欢托普，因为孩子们都喜欢他们的托普、小狗、父母、野炊、海洋和可口的巧克力蛋糕。

假设我们问布莱克和凯特，在他们 12 岁的时候是否喜欢托普，他们会真诚地回答"当然"。但是布莱克和凯特现在确信他们从没喜欢过动物。他们感觉曾经喜欢过托普，但事实上他们很讨厌它。如果是这样，那么笛卡尔和维特根斯坦关于"感觉是根深蒂固的"这一观点就是错误的，当人们诚实地表达自己的感觉时也可能是错误的（"我喜欢托普"）。

关于"感觉是根深蒂固的"这一观点，学术界长期存在着一个哲学辩论，这个辩论通常与一些有趣的较难命题相关。例如，假设我的膝盖在 2:00 撞到桌角的时候开始疼，2:05 我接了一个电话，在谈话的过程中我没有注意到膝盖的疼痛。当 2:10 我挂断电话时，我感觉到膝盖又开始疼了。在接电话的过程中发生了什么？或许是当时也很疼只是我没有感觉到？抑或是我打电话时膝盖不疼了，在挂断电话之后又开始疼了？

尽管我认为"感觉是根深蒂固的"这一观点是错误的，但有两个充足的理由使我一直坚持着自己的观点：测量问题和理论问题。测量问题是指，即使从原则上看我们对自己感觉的认识可能是错误的，但我们依然没有办法知晓这种情况是否发生以及何时发生，因为我们没有途径知晓独立于人们自我陈述之外的感觉。理论问题是指，在错误认识自己感觉的情况下，人们的思想如何以及为何会被组织起来。究竟为什么要采用这种方式来建构人类？尽管测量问题和理论问题的解决任重而道远，但我相信，终有一天这些问题都会迎刃而解。

测量问题

我们应该寻求一个怎样的独立标准，去质疑人们对喜欢一个人或者膝盖疼的表述呢？由于缺乏灵活的内部自我探测器，所以没有一个完美的、独立的测量工具，可以独立测量人的内在状态，例如，我能感觉到的膝盖的疼痛程度，或布莱克和凯特对托普的喜爱程度。例如，不存在生理上的"疼痛探测仪"，可以通过仪器指示盘精确地测算出某人感受到的膝盖的疼痛程度。

我们很难证明自我陈述的感觉是不准确的，但这不能成为让我们接受"感觉是根深蒂固的"这一观点的理由。这就好比在太阳系以外再无其他行星，因为迄今为止我们没有足够精密的望远镜去观察它们，或者说当我摘下眼镜时，在我的可视范围以外不存在任何东西。我们不能让测量问题控制理论问题。

另外，即使没有准确无误的、独立的测量工具以探测人们的内在状态，例如内部自我探测器，但有理由使我们至少要高度质疑人们对自己感觉陈述的准确度。通过一个人的行为以及他人对其行为的解释方式可以清楚地发现：他或她拥有一种无意识感觉。许多作家撰写该题材的作品时会用嫉妒来举例证明。

山姆注意到他的妻子在晚会上和一个非常有魅力的男人聊天。那位男士邀请他的妻子一起跳舞，她欣然应允。在回家的路上，山姆一言不发，当妻子问他是否有什么地方不对劲时，他诚恳地回答："没有，我只是感觉累了。" 即使其他人看到他的行为会认为他在说谎，山姆依然确信自己没有嫉妒。第二天他意识到，当妻子注意其他男人的时候，他真切地感到了威胁。

我们经常质疑人们对自己感觉的陈述，上述事例恰好强调了质疑的另一种方式：人们往往在事后意识到自己先前的感觉是错误的。事实是，后来山姆承认他当时确实在嫉妒，多年后，布莱克和凯特也承认他们一直很讨厌托普，这些并不是他们曾误解自己感觉的可靠性证据。毕竟，他们对自己感觉的重建也有可能是错误的。然而，像下面这些例子，当我们遇到时可能会称之为"重大嫌疑"准则。观察者不认可当事人对自己感觉的陈述（例如，除了山姆，晚会的所有宾客都认为山姆嫉妒了），以及山姆后来承认自己当时确实心生妒意，这两个事实足以解释我们为何要质疑"山姆之前否认自己在嫉妒"的真实性。

总之，就像天文学家持续研发强大的宇宙探测工具一样，心理学家也在努力通过更精确的设备来测量人们的内在状态。的确，我们还未拥有内在自我探测器，但先进的测量技术正在日益发展，例如，对情绪和情感在神经学层面的关系进行测量的工具。

理论问题

假设我们需要完成一项任务：设计理想人类（在业余时间）。那我们是否需要赋予人类感觉和情绪呢？如果需要，那我们是应该让这些感觉有意识还是潜意识地存在呢？这样说看似很奇怪："好吧，人类，你可以拥有感觉，但有时你并不会意识到它。"这样的感觉对人类有何用呢？

采用这样一种功能性取向或许会很危险，因为很容易使人落入这样一个陷阱，即人类思维的任一功能都是有用的。尽管如此，我们很容易解释为何意识感觉具有适应性但却很难解释潜意识感觉具有适应性的原因这一事实似乎可以支撑"感觉是根深蒂固的"这一观点。

理论问题有新、旧两种解决方法。旧的解决办法是运用心理分析理论，该理论认为，由于感觉是被压抑的，故其属于潜意识。较新的解决办法是（我们的新朋友）适应性潜意识，它可以产生独立于人们对自己感觉的意识建构之外的感觉。

精神分析和压抑的感觉

根据弗洛伊德的观点，感觉可以将意识拒之门外，因为它们会引起焦虑，就像一个人很难认识到父母的性取向。压抑的感觉最引人注目的一种情况是反向形成，潜意识的欲望会借此伪装成反面情绪。例如，对同性的性吸引可能会使人们感到如此恐慌，以至于在潜意识内将欲望转变为对同性恋的憎恶。

从精神分析视角分析压抑的感觉，已经证明很难用精确的方式对感觉进行测量。因为研究者需要证明，被试持有他们意识不到的感觉——这些意识不到的感觉在我们看来并不容易被知晓——另外，研究者还需要证明，人们没有意识到感觉是因为这种感觉被压抑了。许多作家已经列举出感觉被压抑的证据并发现了其不足之处。

然而，最近的一项研究颇具启发性。该研究剖析了精神分析的观点，认为同性恋倾向严重者可能会压抑他们对同性的渴求。也就是说，他们表现出的对同性恋的恐惧，可能是掩饰他们的同性性取向的一种手段。研究者招募了一些在同性恋问卷调查中得低分和高分的男性大学生。研究者将这些大学生与一个可以测量男性勃起程度的设备相连接，与此同时，让这些大学生观看色情视频。此刻，你可能好奇研究者会怎样做，以及研究者是如何说服那些大学生参与这项测量的。首先，研究者使用了一个已被广泛应用于测量男性性冲动的设备——体积扫描仪，体积扫描仪对于阴茎大小的变化非常敏感，将一个橡皮圈套在阴茎周围就可以测量阴茎周长的变化。其次，科学家不会粗暴地要求被试当众把裤子脱下来。他们会让被试独自将阴茎连接到体积扫描仪上，然后在一个房间里单独观看色情影片。

被试观看的三部视频都是关于成年人之间两厢情愿的性行为。第一部影片展示了一男一女之间的性行为，第二部影片展示了两个女同性恋的性行为，第三部影片展示了两个男同性恋的性行为。两组男性大学生（根据体积扫描仪的测量结果）在观看异性性行为和两个女同性恋性行为的影片时表现出了同等程度的兴奋。然而，与反向形成的精神分析假设相一致，在观看两个男同性恋性行为影片的过程中，与没有同性恋恐惧症的被试相比，有同性恋恐惧症的被试的阴茎的勃起次数显著增多。尽管有同性恋恐惧症的男性被试声称，在观看男同性恋影片时，并不比自称是没有同性恋恐惧症的男性被试产生更多的生理反应。

该研究并没有提供一个无懈可击的证据，可以证明有同性恋恐惧症的男性拥有他们自身未意识到的感觉（对其他男性的性吸引）。正如此项研究的专家指出，有一些证据表明焦虑可以提高人们的性兴奋，因此，有同性恋恐惧症的男性被试勃起次数显著增多，可能是焦虑的结果而非性吸引。尽管没有一个确切说法，但该项研究最起码与反向形成的精神分析观点相一致，即用意识感觉（有同性恋恐惧症）达到伪装潜意识感觉（同性吸引）的目的。

功能性的情绪是否需要变为有意识的

即使我们假设压抑是普遍存在的，理论难题也不可能完全解决。支持"感觉是根深蒂固的"这一观点的人可能会这样说："我很乐意承认，在罕见且极其反常的情况下，人们可以在意识之外维持一种疼痛感。然而，迄今为止，这只是一个例外。在大多数情况下，人们能够充分认识到自己的感觉、评价和情绪。事实上，对人们来说，能够意识到自己的感觉非常有用。假设我们无法得知自己是否喜欢或厌恶自己新结识的朋友，也没有一种好的方法能够确保感觉的持续产生，那将是致命的。"该观点并没有提出令人信服的理论来解释人们为何意识不到自己的感觉（除了非正常情况下的压抑），但却有一个令人信服的理由让人们相信为何了解自己的感觉会更为有利。

在早期，有很多人支持情绪具有功能性这一观点。例如查尔斯·达尔文

（Charles Darwin）指出了情绪的社交和沟通功能。通过厌恶表情向其他成员传递不想吃某些食物的信号；通过恐惧表情向同胞传递危险靠近的信号。情绪可能还有利于个体的生存。动物生气或害怕的反应会使它的敌人觉得自己将会面临更多危险。例如，一只猫在生气或恐惧时就会露出牙齿，弓着背，全身的毛倒竖。恐惧可以使人逃离危险，疼痛教会人们不要轻触伤痛。

然而，若将情绪具有功能性这一观点向下延伸，问题就会出现：情绪确实是有意识的、有功能性的吗？多数理论家会持肯定回答，假设事情以这样的顺序发展：人们在自己的生活环境里遇到一些危险，比如遇到一只凶猛的熊。看见这只熊必然会引发一种情绪，也就是恐惧。当意识到这种情绪时，人们会采取合适的方法应对，比如向反方向逃跑。

这个逻辑看似很合理，但这不是情绪反应惟一可能的解释。一个问题在于，情绪通常是在人们已经采取措施应对危险之后才产生和发展的。细想几年前，我驾驶一辆租赁汽车在暴风雨中行驶。汽车已经严重磨损，轮胎都已经被磨秃了。当我开到公路桥，从干燥的道路转向雨后光滑的公路时，轮胎打滑失去了控制。在紧急时刻，我努力控制住汽车，避免了汽车撞向护栏。幸运的是，我顺利度过了车打滑的一段时间，没有发生车祸，并继续在道路上前行。

正是因为上述事例，我体验到了有意识的情绪。根据标准的功能性观点，"我处于危险中"这一认知触发了恐惧，使我采取行动重新控制住汽车。事实上，在汽车打滑时我并没有产生任何情绪，而是当我脱离危险，汽车以正常速度停下来时，我才感受到了"嗖"的情绪。（"哦，我的天，我刚才差点就没命了。"）直到危险解除，我才意识到恐惧，那么，在危急情况下，意识如何成为采取行动的信号呢？

在威廉姆·詹姆斯的著作中，这样的例子很常见，他从情绪的标准进化论解释中提出了一个不同的事件时序。詹姆斯认为，对环境事件的认知会唤起生理反应，接下来又会触发意识情绪："因为我们哭泣所以感到抱歉，因为动手所以感到愤怒，因为焦虑所以感到担心。"在这个经典案例中，我们遇到熊，不是因为害怕而逃跑；而是我们遇到了熊，逃跑，事后才感觉到恐惧（有时候，恐惧与逃跑行为没有因果联系）——更多的是在我重新控制住汽车后才感觉到恐惧。

詹姆斯的理论引起了一场关于生理反应和情绪之间关系的讨论，到目前仍无定论。我们的目的是要探讨，对环境威胁作出适应性反应时，有意识的情绪体验是否是必要的？詹姆斯的理论认为这是不必要的，从而曲解了整个情绪功能性问题。可能自我意识情绪没有任何作用，但它是无意识认知过程的副产品，无意识认知过程能够评价环境并触发适应性行为——就像化学反应中释放的热量，它只是化学反应的副产品而非其原因。

类似的观点适用于情绪的社会性功能。猫遇到隔壁的杜宾犬雷克斯（Rex）时，会弓着背并发出"嘘嘘"声，这样有利于其适应性生存，所以即使没有在意识内有过恐惧经历猫也会这样做。例如，这只猫即使从未有过有意识的经历，也可以感知到危险（雷克斯再一次挣脱锁链时）并做出适当的反应。

但如果不是意识情绪触发了适应性行为，那会是什么呢？如果没有情绪反应的介入，对熊的认知是如何引导人们逃跑呢？詹姆斯的情绪理论之所以如此备受争议，原因之一是，它没有解释对环境事件的认知是如何直接导致对此事件的行为反应的。一种可能就是，情绪和感觉先于适应性行为，但人们并不能经常意识到它们的存在。

第二节　我们为何不明白自己的感觉

迄今为止，我们已经可以从潜意识的心理过程中看出，适应性潜意识可以有自己的信念和感觉，这是一次小小的飞跃——不是因为这些信念和感觉过于危险以至于压抑的力量将它们隐藏了，而是因为适应性潜意识在意识之外独立运作。

从定义上几乎可以看出，情绪是蕴含着大量意识的内在状态。它们一般通过难以忽视的生理反应得以呈现，例如心率加快、呼吸急促等。那么，这种状态如何能存在于人的意识之外？我们如何能拥有一种感觉却感觉不到？我认为答案是，我们需要调整对感觉的定义，允许有未知的感觉存在。

无意识的早期预警系统

这个无意识感觉的例子是约瑟夫·勒杜所证明的危险探测系统。进化使得哺乳动物（例如人类和老鼠）的大脑可以通过两条不同的路径来处理来自环境的信息，这被勒杜称为情绪的低路（low road）[①]和高路（high road）。两条路径始于同一个起点，换言之，信息从环境到达感受器[②]，继而再传送到感觉中枢的丘脑。两条路径也止于同一个终点——扁桃体（amygdala），前脑一个杏仁状（在希腊语中，amygdala 意指杏仁）的区域长久以来被认为也参与了对情绪反应的控制。因为，扁桃体通过神经通路[③]到达大脑某些区域，这些区域可以控制心率、血压以及其他与情绪有关的自主神经系统[④]反应。

然而，这两条路径到达扁桃体的方式却并不相同。由神经通路组成的低路直接从感受器到达扁桃体，可以使信息快速到达，但只可以进行最小限度的信息处理。高路首先到达大脑皮层，大脑这一区域负责信息处理和思考，然后才到达扁桃体。高路虽慢，但可以允许大脑皮层对信息进行精密分析。

为什么哺乳动物拥有这样两条情绪路径呢？一种可能性是有机体在尚未形成复杂的大脑皮层之前首先形成了低路，一旦大脑皮层发展，高路便接管情绪处理的功能并取代了较原始的低路。依据勒杜的观点，低路可能是"大脑的附加物"，不再发挥任何功能。然而勒杜却反对这种说法，他认为低路和高路以一

---

① 对危险的感受，在大脑中沿着两条路径传递：一条来自意识和推理，一条来自无意识和先天机制，它们分别通过"高路"和"低路"。两条路径的主要区别是数据的传输时间不同。——译者注
② 动物体表、体腔或组织内能接受内、外环境刺激，并将之转换成神经过程的结构。考虑到感受器在身体上分布的部位并结合一般功能特点可将感受器区分为内感受器和外感受器两大类。——译者注
③ 神经系统内传导某一特定信息的通路。——译者注
④ 脊柱动物的末梢神经系统，由躯体神经分化、发展，形成机能上独立的神经系统。——译者注

种非常有助于适应的方式并列运作。低路作为早期预警系统发挥作用，它可以使人们快速警觉到危险信号，高路则缜密而全面地分析信息，使人们获取更多关于环境的信息，从而作出明智的判断。

引用勒杜的一个例子，假设你在森林里漫步，突然间发现一条蛇状的长形物体躺在道路中间。你立刻停下来想到这是一条"蛇"，同时开始心跳加速；之后你意识到那并不是一条蛇，只是从山胡桃树上掉下的一个树枝，然后你继续前行。

究竟发生了什么？勒杜认为，正是低路将树枝的影像直接从感受器传输到扁桃体，进行粗略的分析后得出"前面是条蛇"这个结论！这种低路的信息处理使你突然停下来；同时树枝的影像被输送到大脑皮层，在大脑皮层里进行了更缜密的分析，从而发现了那个物体有树皮和节孔，因此"高路"的处理推翻了最初的"低路"反应，认识到先前的结论是一个错误的警示。早期预警系统（低路）出差错的原因是先看到了危险的一面，正如勒杜所说："长期以来，把树枝看成蛇的代价远远小于把蛇看成树枝的代价。"高路处理可以排除我们的恐惧（至少一段时间），对自己说"喂，冷静下来，蛇没有树皮和节孔"。

情绪加工的低路在意识知觉之外运作。当我们看到那个蛇状树枝的时候整个人都僵住了，意识里没有一点感觉或想法。然而，这能证明人们拥有无意识情绪，或者人们有简单的心理过程但却意识不到吗？这看起来主要是语义的问题。如果我们认为恐惧就是意识里感觉很害怕，同时伴随着呼吸短促、心提到嗓子眼的感觉，那么拥有一种感觉却意识不到的情况是很难存在的；但如果我们想："人们是否会无意识地对前方的潜伏危机进行评价？"答案似乎是肯定的：人们认为事情是骇人的并据此采取了行动。这看似在说人们经历着自己意识不到的评价和情绪。勒杜赞同后面的观点，他认为："大脑的状态和生理反应是情绪最基础的方面，有意识的感觉为情绪蛋糕增添了糖衣。"

勒杜搜集了大量令人印象深刻的证据，它们与情绪加工的低路和高路是相一致的。然而，作为无意识感觉的理论，它受限于三个方面。首先，所有的研究都关注单一的情绪、恐惧。赋予人类早期预警系统使他们在收到危险信号时僵立，这是有意义的。但其他的情绪和感觉呢？它们是否可以无意识地存在？其次，将情绪反应分为初级的低路处理和复杂的高路处理可能不是全部。我认为区分不同类型的"高路"信息处理是有用的，即通过适应性潜意识的高路处理和意识的高路处理。

最后，勒杜的理论未曾考虑过意识与无意识感觉同时存在的可能。在托普的例子中，布莱克和凯特认为他们喜欢小马托普，但在一些情况下也讨厌它（或者说这也是我的观点）。虽然勒杜的早期预警系统模式非常引人注目，但它不能对诸如此类的问题作出解释。一旦高路有时间分析问题，它就会控制低路，认为"有时树枝就仅仅是树枝。"相反，虽然适应性潜意识在某种意义上可以评估环境，但人们意识内也相信他们对环境会有不同的感觉。

对托普的喜欢和讨厌

为什么布莱克和凯特在童年时期候既喜欢又讨厌托普？这可能是一个精神分析压抑的例子。比如，他们承认，如果讨厌别人期望他们能喜欢的动物，可能会产生"得不到家长认同"的焦虑，继而生成压抑机制。尽管这种解释是可能的，但对于这种未意识到的感觉可能还有更简单的解释。

适应性潜意识是对所处环境的积极评价者，当小马咬我们、踩我们脚的时候，适应性潜意识推断小马是古怪的，并负面地评价它的行为。但是，人们还有一个积极的、有意识的自我可以同时做出推断和评价。通常情况下，意识系统可以做出正确判断。因此我们注意到，自己曾经刻意回避托普且恐惧它的出现，从而准确推断出我们不能忍受它。

尽管如此，意识系统有时也会出差错。一个原因可能是人们没有意识到：直到他们的注意力被吸引时，感觉才会发生改变。一个多世纪以前，威廉姆·卡朋特就论证了这种"被忽视的"感觉的存在，就像"异性间互生情愫，但双方都没有意识到这个事实"。卡朋特指出："的确，两人之间感情的微妙变化是由旁观者观察到的……在任何一方发现之前……大脑的状态会在行动中展现出来，虽然当事人双方还没有清楚地认识到。这主要因为当事人所有的注意力都被当下的乐趣吸引去了，只把很少的精力放在内省上。"

这个例子符合我们潜意识感觉的"重大嫌疑"准则：如果人们拥有一种自己未意识到的感觉，旁观者相信他们确实存在这种感觉，这些人后来会承认自己先前拥有这种感觉（假设卡朋特的恋人开始认识到彼此之间相互吸引）。不过，对如此强烈的感觉缺乏意识只是暂时的。一旦人们花时间内省，就会意识到自己已经吸引对方。在卡朋特看来，那种感觉"突然间爆发，就像闷燃的小火苗，转瞬间变为熊熊烈火"。

可能在很多时候，即使通过内省，人们也很难意识到适应性潜意识形成的感觉。意识系统对"一个人应该如何感觉"的个人习惯和文化惯例是相当敏感的，就像"孩子们都喜欢布莱克和凯特的托普、小狗、父母以及野炊、海洋和可口的巧克力蛋糕"。人们可能认为自己的感觉符合这些习惯和惯例，而忽视了不符合这些习惯和惯例时的情况。这些"感觉规则"使察觉"适应性潜意识如何感觉某件事"变得困难。因为每个人都知道"孩子们喜欢他们的小马"，所以布莱克和凯特很难注意到托普是一头令人讨厌的牲畜——并不是因为这样会诱发焦虑，而是因为人们很难透过文化的和个人的"感觉规则"迷雾看清自己的真实感觉。

还记得第一章中我提到的朋友苏珊吗？她坚信自己深爱着史蒂夫，因为他符合她的择偶标准。他们拥有共同的兴趣爱好，他非常善良，很明显也深爱着她。可了解苏珊的我们明显看出她并不爱他。但为何她到最后才发现这一点？她的"感觉规则"似乎在作祟。事实上是因为史蒂夫符合她心目中理想男人的形象，使苏珊很难认识到自己并不是真的爱他。

奇闻轶事之外

尽管这些事例都很具说服力，但它们也只是奇闻轶事罢了。理论界是否存在权威的证据来表明，人们真实拥有的感觉与他们自认为拥有的感觉并不一致呢？事实上，社会心理学领域有相当一部分人支持这个观点。其中一个证据来源于有关自我认知和归因理论的研究文献，研究表明，人们会观察自己的行为和情绪，从而推断出新态度和新情绪的存在。

　　根据这些理论，当人们对自己的感觉不确定时，会根据自己的行为和生理反应作出判断。例如，很多研究发现，人们会通过自己所经历的生理唤起水平和社会情境的本质来推断自己的情绪。我们从第五章"爱在桥上"的研究中可以看到：男人把自己的兴奋反应，解释为会对接近他们的女人发出感兴趣的信号。但事实上，他们高估了女人的吸引力，忽视了他们的生理反应至少在某种程度上跟险桥有关。

　　在另外一项研究中，斯坦利·沙赫特（Stanley Schachter）和莱德·惠勒（Ladd Wheeler）让被试参与了一项复合维生素对视觉影响的研究。被试每人注射一支维生素试剂，然后观看十五分钟的喜剧电影。被试并不知道，第一组所注射的"维生素"实际上是肾上腺素（epinephrine），第二组是安慰剂（placebo）①，第三组是氯丙嗪（chlorpromazine）。肾上腺素会产生交感神经系统的生理反应，例如心率加快、手脚轻微震动等。氯丙嗪是一种镇静剂，会抑制交感神经系统发挥作用。研究者充分论证，因为被试不知道刚才被注射了什么药物，他们会推断是影片引起了生理反应。与研究假设一致，注射肾上腺素的被试似乎看到了电影中最有趣的部分，他们哈哈大笑并且在观看电影时笑得最开心；注射氯丙嗪的人则不认为这部电影有趣，他们在观看电影的过程中很少大笑。

　　我和理查德·尼斯贝特查阅了与此相类似的大量研究，尽管从人们改变自己的态度或情绪的行为中能够得到充分的证据（例如，观看电影时哈哈大笑），但很少有被试会说出自己有新态度或新情绪。例如，沙赫特和惠勒让被试评价

---

　　① 由没有药效，也没有毒副作用的物质制成，如葡萄糖、淀粉等，外形与真药相像。服用安慰剂，对于那些渴求治疗、对医务人员充分信任的患者，能在心理上产生良好的积极反应，从而改善人的心理状态，达到所希望的药效，这种反应被称为安慰剂效应。——译者注

电影的搞笑程度以及他们的喜欢程度，三组之间的差异并不显著。通常，与注射氯丙嗪的人（很少大笑的这一组）相比，注射肾上腺素的人（哈哈大笑的这一组）并没有评论说影片更搞笑。这一结果模式——人们表现的好像对某件事有某种情绪或评估，但却无法陈述它们——在研究中是非常普遍的，例如沙赫特和惠勒的研究。

这些结果引发了一些让人感兴趣的问题：当人们从自己的行为推断自己的感觉时，那么是谁在推断，推断出的那些感觉发生了什么？我们在第五章中得出结论：在自我归因的时候，人们会观察自己的行为，据此对行为的动机作出推断，这通常发生在适应性潜意识里。但是，这个过程也可以在意识里发生，意识本身就是一个积极的分析者和策划者，所以有时候人们会仔细考虑自己这样做的原因（"例如，我究竟为何没有早点开始准备这个项目，从而错过了申报期限？"）。

然而，沙赫特和惠勒研究的自我归因，通常都是迅速、无意识地发生的。注射肾上腺素的被试并没有坐在那里挠头思考："这个电影多么有趣？我的心跳加速，双手轻微颤抖，因此我想这部电影应该相当滑稽。"相反，他们是迅速、无意识地做出电影有趣的判断，这使他们爆笑连连。与此类似，"爱在桥上"研究中的男人也没有深思熟虑地对自己说："奇怪，为什么我的心在怦怦直跳？我想是因为我感觉到了37%的恐惧和63%的爱——不，等一下，是43%的恐惧和66%的爱。"相反，他们做了一个非常迅速、无意识的推断，他们的兴奋至少在部分程度上是因为被女人所吸引。

但是，我们的感觉发生了什么，才导致无意识的推断？为什么在沙赫特和惠勒的研究中注射肾上腺素的被试并没有比其他被试做出"这部电影更搞笑"的评价？毕竟，他们在观看整个电影的过程中都在大笑，给人的感觉就像他们认为电影是非常搞笑的。沙赫特和惠勒提出了一种解释：在评论电影时，人们的反应大多是基于对自己长期以来所观看的电影类型［演员杰克·卡森（Jack Carson）参演的喜剧电影］而做出的推断。就像其中一个被试所说的那样："我也搞不清楚为什么在观看电影的时候会笑得前仰后翻？平时我很讨厌杰克·卡森这种类型的闹剧电影。我刚才就是根据这个填写的问卷。"

简言之，被试的适应性潜意识推断出电影是有趣的，这使他们哈哈大笑。当问及这部电影有多搞笑时，被试却是根据自己先前对这种类型电影的喜欢程度做出判断的。为什么人们的意识和适应性潜意识会以两种不同的方式呈现出来——就像布莱克和凯特对托普的态度以及苏珊对斯蒂芬的感觉一样？

我曾提到过这样一种现象，对于同一个话题人们会有两种不同的感觉，但其中一种感觉更明显，我把这种现象称为"双重态度"（dual attitudes）。其中最有趣的案例是人们对少数族群的态度，该案例普遍认为人们会意识到自己是否对少数族群怀有偏见。例如，美国《民法权案》第七章规定，禁止在雇佣劳工中因种族、肤色、性别、国籍、宗教信仰而差别对待，这就证明歧视是真实存在的。所以民权法案的修订就是为了阻止这种公然的、有意的种族歧视，很多人并没有觉察到这种"潜意识的偏见"或"无意识的歧视"。

然而，人们已经越来越清晰地认识到，偏见既可以是外显的（人们意识内对其他族群的信念和感觉），也可以是内隐的（人们潜意识里对其他族群的评价）。人们深信自己没有歧视其他族群，却在内隐的层面上持消极态度。为了证实这一点，社会心理学家已经创造了一些相当巧妙的方法，用来测量内隐式偏见，我会在第九章中谈到这些方法。

一个悬而未决的难题是，这些迅速的、内隐的消极反应是否是潜意识的？我认为人们通常意识不到这些感觉，但在一些特定的情况下可能会有所察觉。约翰（John）是一个崇尚自由主义的白人，他可能会认为自己从来没有歧视过他人，对待白人和黑人是一视同仁的，他没有意识到自己的内心深处对黑人其实怀有一种负面情绪。有证据显示，即使是这种好心人也可能会有负面情绪，他们会以更加负面的方式对待黑人，而自己却全然不知。尽管人们通常意识不到这些负面的感觉，但如果用心观察可能会有所察觉。如果约翰诚实地看待自己的感觉并仔细观察自己对黑人的反应，他可能会觉察到自己的消极内隐态度。

这个例子提出了关于无意识感觉和态度的重要问题。在前面几章，我们已经描述过适应性潜意识，不论多少人尝试着去观察，都难以直接观察到这一心理过程。为什么感觉和态度可以存在于意识之外而不被人们察觉？如果人们可以透过意识理论的迷雾看透这些感觉和态度，那么人们将获得更强大的潜力。这通常是"如何成为自己行为的良好观察者"的问题（例如，看到非裔美国人如何反应），而不是"内省自己感觉"的问题。

关于无意识感觉和态度的理论

在本章开头我就提到适应性潜意识的一个标准概念：适应性潜意识包含一系列可以产生感觉的心理过程，这些感觉出现在意识内。假设一台激光唱机可以查询、选择并播放各种类型的音乐，尽管选择和播放音乐的软件和硬件在意识之外运作，但最终结果——例如，一首披头士经典老歌的优美旋律——是我们听到了歌曲（歌曲进入意识内）。类似地，心理的选择和解释可以是无意识的，但它们产生的感觉却是有意识的。

相反，我之前认为，即使是适应性潜意识的产物——旋律本身——也未必能到达意识层面。尽管如此，在我看来，为到达意识层面，适应性潜意识产生的感觉与适应性潜意识其他部分发挥的潜能是不同的。心理过程产生了感觉，例如在第三、四、五章详细提到的各类适应性潜意识的共同特点是不可进入性，就像激光唱机的硬件和软件一样。然而，在某些情况下，人们会意识到适应性潜意识产生的感觉。

事情甚至可能是这样的，感觉显现在意识内这一事实被忽略了，而且适应性潜意识会采取特殊措施来阻止这种情况的发生。我们已经发现三种这样的措施。第一种是抑制，潜意识会运用各种方法隐藏威胁性的感觉（就像同性恋恐惧症的案例）。第二种是忽视，或者没有觉察到感觉已发生改变（就像卡朋特所举的坠入爱河的例子了）。第三种就是通过人们的意识理论和虚构的障眼法对感觉进行掩盖。如果一种感觉或评价与"文化感觉规则"（"人们喜欢他们的小马"或"我结婚的那天将是一生中最快乐的一天"）、个人标准（"我对所有的非裔美国人都没有偏见")或关于感觉方式的意识理论和推断("我一定爱他，因为他符合我心目中的白马王子标准")相冲突，人们就难以意识到它们。

人们不能意识到适应性潜意识会产生感觉，这类案例可能不是普遍存在的。人们通常认为，他们对在美国文学课堂上坐在第三排的那个人有强烈的欲望，当他们的猫死的时候会感到悲伤，坐过三次过山车后会感到恶心。尽管如此，但人们不能意识到自己感觉的情况可能也很多见。

此外，人们对自己感觉的认识频率是不同的。事实上，情商的一个定义是：认识自己的欲望、需求、快乐和悲伤的能力。当自己的感觉与个人和文化理论存在不一致时，有人擅长透过这些理论的迷雾来认识感觉，而有的人则缺乏这种类型的自我认知。

在极端情况下，人们甚至不能意识到自己最基本和最极端的情绪，这是一种被称作述情障碍①的精神疾病（alexithymia，古希腊原意是"缺乏情感表达"）。患有述情障碍的人，尽管有情绪，但对他们来说，描述这是什么情绪以及这些情绪从何而来是很困难的。一个女人陈述她经常哭，但她不知道自己为什么哭，她说："这只会让我的身体舒服一点。"但是，如果看完八个孩子的母亲死于癌症的那个电影后，她就会哭着睡去。专家指出，她的悲伤和怜惜可能来源于她母亲死于癌症的事实，但她知表现出一脸茫然，并表示两者之间没有必然联系。

显而易见，述情障碍是潜意识里一个非常极端的情况。当我们试图了解自己的感觉时，很少有人会有述情障碍的困惑。不过，在某种程度上我们都会面临述情障碍，有时候我们也不能清楚地理解适应性潜意识的感觉，比如，关于自己在将来如何感觉，以及这样的感觉会持续多久？通常情况下，知道我们此刻的感觉以及我们对未来事件（例如，"如果斯蒂芬向我求婚，我将会多么开心？"）的感觉，两者是同等重要的。然而，如果有时候人们很难知晓自己此刻的感觉，那么，预测他们未来的感觉可能也会存在困难。

---

① 又译为"情感表达不能"或"情感难言症"，它并非一种独立的精神疾病，可为一种人格特征，也可为某些躯体或精神疾病较常见到的心理特点或继发症状。——译者注

第七章
了解自己如何感觉

在自我认知中，情感预测占有重要的地位。像择偶、择业、是否生子、是否购买猫王模仿秀的服装等，这些决定或大或小，但在做决定之前都需要预测这些事件将会给人们带来多大程度的满足感和愉悦感。就像我们对一个当前事件产生的情绪反应不仅有特定的意义，而且通常会进入意识之中，因此，对未来事件的情绪反应可能是实现自我认知的重要形式。大多数人都明白，相对于疼痛、贫穷、不幸的婚姻而言，健康、富有和幸福的婚姻使我们更快乐。如果我们对好坏都一无所知，那么我们很难在世界上立足。

大多数情况下，我们对预期有一种极大的欢愉……当不可能发生的事情发生了，当梦寐以求的事情成真了，我们发现自己冷静下来了……

——纳撒尼尔·霍桑（Nathaniel Hawthorne）《拉帕帕齐尼医生的女儿》
（*Rappaccini's Daughter*）

大多数人认为，如果不能得到我们所想要的，我们就会为了获得永恒幸福而坚持不懈。人们经常会说："如果我拥有＿＿＿，我会更加快乐。"看见这道题，有人会填"真爱"，有人会填"百万美元"，也有人会填"在拉斯维加斯表演猫王模仿秀的机会"。不管我们的梦想是什么，如果梦想成真，我们都倾向于认为自己将会变得极其快乐。

然而，为了获得永恒幸福，仅仅梦想成真是不够的，我们还要清楚自己内心真正想要什么。拉斯维加斯的一次猫王模仿秀，或者迪士尼乐园的一次游玩，会使我们更快乐吗？显然，只有知道这个问题的答案，我们才会明确努力的方向。我们需要对未来事件的情绪反应做出正确的情感预测。

在自我认知中，情感预测占有重要的地位。像择偶、择业、是否生子、是否购买猫王模仿秀的服装，这些决定或大或小，但在做决定之前都需要预测这些事件将会给人们带来多大程度的满足感和愉悦感。就像我们对一个当前事件产生的情绪反应不仅有特定的意义，而且通常会进入意识之中，因此，对未来事件的情绪反应可能是实现自我认知的重要形式。大多数人都明白，相对于疼痛、贫穷、不幸的婚姻而言，健康、财富和幸福的婚姻使我们更快乐。如果我们对好坏都一无所知，那么我们很难在世界上立足。即便是白鼠也可以做出精确的情绪预测，学会避免按压带来不快感的长棒（电击），学会按压带来舒服感的长棒（美味的鼠粮）。

然而，仅仅了解对某一事件的第一反应还远远不够。我们还要知道这个反应的持续时间。例如，与谁结婚、是否要孩子，在做出此类重大的人生决定时，要考虑到这些事件是否会带来持久的幸福，而不仅仅是贪图一时的享乐。情感预测经常包含一种持久性倾向，倾向于高估对未来情绪事件反应的持续时间。关于持久性倾向的研究引起了人们的疑问：幸福的本质是什么？外部事件产生的影响为什么不像我们想象的那样持久？该研究并没有揭示获得持久幸福的秘诀，但它的确给出了一些提示。

第一节 瞬息万变的情绪

想象一下，在接下来一周内可能发生在你身上的最开心和最难过的事。你多半会回答："中彩票头奖"和"爱人去世"。那么，你对这些极端事件的情绪反应将会持续多长时间？多数人会这样回答，"如果我中了彩票头奖，我将兴奋几个月甚至几年"以及"如果爱人去世，世界将会一片灰暗，我将会被击垮"对大多数人而言，这些情绪预测将会是错误的。

金钱买不来爱或幸福

假设你有10%的机会入围彩票巨奖争夺战。你和其他入围者在电视直播现场焦急地等待即将揭晓的获奖名单。当彩票中心主任从箱子里抽出信封时，你紧张地直冒汗。他拆开信封并打开里面的纸张，短短几秒钟你却觉得很漫长。突然间他停住了，直盯着你并喊出你的名字。是的，美梦成真了：你打败了其他入围者，摇身一变成为百万富翁。

你想，那一刻你会有多开心？接下来的几个月你会多开心？接下来的几年呢？大多数人可以正确预测自己在中奖那一刻的兴奋程度。1973 年 7 月，马里兰州彩票中心选出保罗·麦克纳博（Paul McNabb）为第一个百万巨奖的获得者，他因激动而倒在地上，一遍又一遍含糊地说"哦，上帝呀"。彩票官员马文·麦德尔（Marvin Mandel）还要俯下身与他握手，将第一期 5 万美元奖金交给他。麦克纳博可能会想，自己将生活无忧，之前的问题都将迎刃而解。

当时光转入 1993 年，麦克纳博获得最后一张 5 万美元的乐透（lottery）支票后，他接受了《华盛顿邮报》（The Washing ton Post）的采访，那时他正在拉斯维加斯的酒吧里抽廉价香烟，享受酒吧提供的免费服务。他租住在两室公寓里，没有自己的车。记者问他先前中彩票有何感受时，他大笑着说："如果时光退回到二十年前，我绝对不会再希望中彩票大奖。"

自从 1973 年麦克纳博因获彩票巨奖上电视后，他就经受着各种困扰，因为太多人想要分一杯羹。有人恐吓他的女儿；有人则直接闯入他家。麦克纳博告诉记者："如果你经历了我第一年所经历的，或许你连自己最亲的人都不会相信了。"为了躲避骚扰，麦克纳博将家搬到了内华达州，跟获奖前相比，在那里他再也没有感受到持久幸福。他说："你能意识到我失去了作为一个社会人的二十年社会生活吗？我从来没有得到自己想要的，我总是不得不处于警戒状态。"

你可能会想，并不是所有的人都知道如何理财，对一些人而言，金钱带来的困惑远远大于它所能解决的问题。如果你像我一样认为自己会是个好的理财者，那我可得好好谢谢你。的确，对于我们来说，金钱提供的机会必定远远超过它带来的麻烦。我们很有可能都错了。麦克纳博的经历看起来可能很极端，但绝非罕见。一项研究表明，在新泽西州，几乎所有百万美金的获奖者都遇到了麻烦和恐吓，他们中很多人都生活在恐惧之中。大多数人为了躲避无休止的电话和不速之客，不得不搬到其他地方生活。面对陌生的邻居，他们感觉这样就可以与惦记自己奖金的朋友和家人隔离。例如，萨尔瓦托·雷（Salvatore Lenochi）每天要面对陌生人烦人的电话轰炸，声称妻子久病卧床的男人每天打电话向他要钱，还有人用刀恐吓他的孩子。家人不但没有因为他的好运而享受到快乐的生活，反而一肚子怨气。雷说，"现在我的确有钱了，但我不确定自己的生活是否比以前好"，一个社会学家对很多获奖者进行了访谈，得出这样的结果："在与贫困、（生活必需品的）匮乏的战争中，他们赢了，因为百万奖金使他们的经济变得宽裕；但他们又输了，因为这给他们的社交与心理造成了莫大的伤害。"

如果人们知道中大奖不会使他们更快乐，反而可能带来痛苦，那么，在用自己的血汗钱买彩票时他们肯定会三思而后行。但是，现在体彩中心还在继续盈利，这也证明了确实仍有许多人相信，金钱可以买来爱和幸福。

"我永远也不会克服它"

几年前，朋友卡洛琳（Carolyn）的母亲突发心脏病去世，享年 59 岁。卡洛琳的世界顷刻崩塌，她认定自己永远也不能走出悲痛。在某种程度上她是对的，5 年过去了，卡洛琳依然怀念自己的母亲，一旦想到她，卡洛琳就会感到悲伤。但神奇的是，她的胃绞痛在母亲去世几天后开始一点一点减弱了，速度比她想象得要快。不久之后，卡洛琳又恢复到从前的样子：幽默、有朝气、外向，她喜欢攻克工作上的难题，也会花时间和孩子玩，例如打网球。

如果挥一挥魔杖就可以让母亲起死回生，相信卡洛琳一定会这样做。尽管如此，她还是会承认，从母亲去世的悲痛中恢复比自己预想得要快。她也会承认，母亲的不幸逝世虽然令自己很心痛，但也带来一些积极的方面，比如她和父亲的关系越来越亲近了。在母亲葬礼之后，她教会了父亲如何发电子邮件，父女俩每周都会发几次电子邮件，时常保持亲密联系。

卡洛琳的经历与一项研究结果相吻合，即人们走出丧亲之痛的速度超出他们的预期。丧亲后，很多人要么不受一点影响，要么很快就能从悲痛中恢复。一项研究发现，在因患有猝死症而死去的孩子的父母中，有 30% 没有表现出明显的抑郁。另外一项研究发现，82% 的人在丧偶两年后可以恢复得很好。

可以确定的是，很多人都因为爱人的逝去而悲痛欲绝，特别是亲人的意外离去。一项研究表明，在配偶去世后一周，男人的自杀率上升了 70 倍，女人的自杀率上升了 10 倍。另一项研究发现，在车祸中丧偶或失子后的四到七年时间内，有相当比例的人是抑郁的。与 11%没有丧偶或失子的人相比，32%丧偶或失子的人承认，在事后一周内至少有三到四天不能摆脱忧郁。

为何从悲伤中恢复的速度是因人而论呢？一个重要的因素是，人们在失去中发现其意义的程度不同。与不能从死亡中发现任何意义的人相比，发现其意义的人可以更快地恢复，比如相信死亡是上帝的意愿，他们所爱的人也能够接受死亡，或者死亡是生命循环的一种自然过程。另一个重要因素就是，人们在丧亲的过程中能否发现积极的一面，比如促进他们成长，获得新的人生观，或者就像卡洛琳一样，因为母亲的去世增进了她和父亲的关系，使他们变得更亲近。

例如，亲人的逝去可以创造新的机会去帮助其他人。1980 年，当坎蒂·莱特纳（Candy Lightner）13 岁的女儿被酒驾者撞死时，她开展了消除马路酒驾者的运动以此化解愤怒和悲伤，并成立了"母亲反对酒驾联盟"（Mothers Against Drunk Driving，简称 MADD）。1981 年 7 月，6 岁的亚当·沃尔什（Adam Walsh）在超级市场里遭遇绑架并被残忍地杀害。他的父母约翰·沃尔什（John Walsh）和瑞夫·沃尔什（Reve Walsh），成为拯救失踪儿童的倡议者，他们倡议建立失踪儿童信息数据库并成为中坚力量。约翰·沃尔什还创办了电视节目《美国头号通缉犯》（*America's Most Wanted*）并担任主持人。从创伤中恢复最快的人，认为创伤带来的未必都是消极的影响，其中也可能蕴含积极的因素，比如，提升他们乐于助人的能力。

至亲去世前人们对悲伤的信念是什么，从这一角度入手，最终的研究结果将是极其有趣的。大多数人一致认为，这是消极的、破坏性的经历。调查发现，多数人在失去至亲后，虽然感受到了真真切切的悲伤，但却可以表现出积极的情绪，这令人惊讶不已。更让人意想不到的是，失去或创伤可能会从有益的角度改变一个人。我怀疑我们中很多人曾这样认为，"如果他或她去世了，这将是一件多么悲痛的事情，但至少我会因此成为一个更优秀的人。"事实上，很多人的确这样想过。罗尼·詹诺夫-布尔曼（Ronnie Janoff-Bulman）曾经对受过各类创伤的受害人进行研究，包括丧偶、被强奸以及严重的身体伤害等。正如布尔曼所言："人们肯定不会有意地选择伤害，但很多人最终把伤害视作一位有能力的资深老师，给他们上了人生的最重要一课。"

人们不仅对人生中的重大事件（像中彩票或痛失爱人）具有惊人的恢复能力，而且对日常生活中的情绪反应也是如此。有一项研究历经两年，对大学生在此期间的幸福感进行评估。在这段时间里，每个被试都经历了如意的或不如意的事。大约三分之一的被试失去了亲人，一半以上的被试与恋人分手，一半以上的被试至少胖了 9 斤。超过 80% 的人，至少有两个月处于热恋中，几乎每位被试都新结交了一位密友，大约四分之一的被试顺利毕业。与这些事情同样重要的是，它们只是暂时影响到人们的幸福。正如研究者所言，"只有最近发生的事情才是重要的。"与成年人相比，这更适用于未成年人。一项研究发现，当未成年人出现极端好或极端坏的情绪时，平均只需花 45 分钟就会恢复幸福常态。（对于曾和未成年人一起生活过的人来说，这个发现不足为奇。）

对中彩票巨奖、丧亲以及对日常事件的反应所进行的研究，其研究结果都集中表明：人们会比自己预想中恢复得更快。正如亚当·斯密（Adam Smith）观察到的："在或长或短的时间里，每个人的心灵都可以归于宁静、自然、平常的状态。在顺境过后一段时间，它会跌落至这样一种状态；在逆境过后一段时间，它又会回升到那样一种状态。"

第二节　发现生命的意义

正如 4 世纪以前拉罗什富科（La Rochefoucauld）所言，人们可以快速恢复的原因之一可能是，"幸福和痛苦取决于个人特质和所拥有的财富"。幸福的人透过乌云密布的天空可以看到一片光明，忧郁的人在宽阔透亮的地平线上都能看到乌云。确实有证据表明，幸福是一种个人特质，具有可遗传性。例如，同卵双生的双胞胎，即使由不同的家庭抚养，他们的幸福感水平也很相似。

不过明显的是，即使是幸福的人有时也会悲伤，而习惯发脾气的人有时也会微笑。幸福会在一定程度上遗传这一事实，并不意味着人们会一直保持某种程度的幸福感而从不发生改变。这可以解释，为何人们在经历一些幸福或悲伤的事情之后，可以快速恢复到一般的幸福状态。当保罗·麦克纳博得知获得一百万美元的奖金时，他是欣喜若狂的，但这种激动并没有持续很长时间。这又是为什么呢？

追求的过程很重要

一种可能性是：追求目标的过程和实现目标一样令人快乐——就算不一样，也只可能是前者更让人快乐。我通常会花几个月甚至几年时间搜集研究项目所需的数据，分析数据并写出结题论文，然后将文章寄给心理学杂志。最激动的时刻看起来可能是收到编辑回信说我的论文通过审核可以发表时。毕竟这是我辛苦工作的结晶，也是这些月来我努力工作的目的。的确，收到这封信时，我是极其开心的——肯定比接到论文被拒的通知更开心，但是这种快乐并没有持续很长时间。当我离目标更近一步时，我认为这是我最幸福的时刻，例如，我的一位研究生告诉我，最近的研究数据看起来很不错，或者我一整天的写作都很有灵感。一旦这个研究项目完成，文章发表，我的注意力将会转移到下一个项目。

在人的一生当中，有奋斗目标是很重要的，一旦达到目标，我们就会转移视线，朝着另外一个目标努力。实际上，当事情进展很顺利，我们达到一种"心流"①的忘我状态时，就会忘记自我、忘记时间。一个作曲家曾这样描述他的作曲经历："整个人处于一种欣喜若狂的状态，感觉自己好像不存在了……我的手好像没了知觉，眼前发生的一切似乎都与我无关。我只是坐在那，以一种敬畏和惊奇的心态面对一切。乐律源源不断地跳到指尖。"这不仅仅是艺术家才能拥有的经历，几乎在每件事中人们都可以感受到"心流"的感觉。

假设你参与了一项重大的实验，并身处要职，这个实验会给予你所需要的

---

① 心理学家米哈里齐克森·米哈里将心流定义为一种将个人精神力完全投注在某种活动上的感觉。心流产生时同时会有高度的兴奋及充实感。——译者注

东西。每隔一段时间，你就会得到金钱、食物、关爱、性、名誉以及其他任何你想得到的东西。但你不能做任何事情，也不存在增加或减少奖励的可能性。事实上，为了能够得到奖励，你必须每天花 8 个小时在房间里无所事事——无事可做，无人交谈，无书可读，无画可作，无曲可编——总之，你不能做任何事情。即使你可以得到任何你想要的，这也是地狱般的生活。相比来说，另外一种生活方式可能截然不同：适量的、有形的报酬，你只能赚到基本生活费以及只能购买少许奢侈品，但你每天都可以专注于自己喜欢的事情。

在这个极端的案例中，很少有人愿意选择第一种生活，放弃第二种生活。然而在日常生活中，我认为有时候人们会倾向于选择第一种生活方式。我看到很多毕业生在努力寻找一份有着丰厚收入的工作，即便每天会面临令人心烦的琐碎工作（想到这，税法条目就出现在我脑海里，可能只有我会这样）。第二种生活方式就像一个尚不出名的艺术家，一个希望有所作为的社会工作者，或者我假设是对退休账户的最新改革不满的税务律师。他们认为，每日的专注[①]比月末薪水更重要，收入只要满足基本生活需要即可。

心流和专注很重要，它有助于解释人们曾经致力于完成的一件积极的事情——例如我的科研论文被发表——为何没有带来持久的愉悦感。这是因为达到目标以后，我们的思维便会转向一个新的问题。然而，关于专注的观点可以预测：没有实现预想目标将会给人们带来持久悲伤，尤其当这次失败会干扰你投入到日常的快乐生活中去。尽管这种失败是痛苦的，但这种悲痛不会像人们想象的那样会持续很久。例如，我和丹尼尔·吉尔伯特就发现，对于大多数将被聘为终身教授作为主要人生目标的助理教授[②]来说，如果在所属大学里未能实现这一目标，他们常常会夸大悲伤的持续时间。

另外，一些重要的人生事件似乎会促进人们对目标的追求，但不会产生持久的

---

① 一个人的心理活动在必要时间内，充分指向并集中于当时应当指向和集中的对象上的注意状态。（引自朱智贤主编的《心理学大词典》，北京师范大学出版社，1989 年 10 月第 1 版，p984。）——译者注
② 级别高于讲师而低于副教授。——译者注

幸福感。获得百万巨奖可以帮助他们朝着先前不可企及的目标努力，例如旅游、去法律学校学习税法或者窝在家里学习编织。但这为什么不能使人们变得更幸福呢？

因比较而痛苦

关于情绪消退，还有另一种不同的解释：人们对一件事情的反应，取决于这件事与先前经历过的类似事件所做的比较。根据这一观点，我们时常把当下的经历和先前的类似经历做比较，然后问自己，"相比较之后怎么样？"我们首次在昂贵的三星级餐厅用餐，感觉极好。但是，当我们去过很多豪华的三星级餐厅吃过饭后，就会改变参照标准。如果现在只是去一家二星级餐厅用餐，似乎没有什么特别的感觉，因为它没有 Chez Michel（一家法国餐厅）的豆焖肉（cassoulet de mer）好吃。令人难过的是，这种极端快乐的经历可能要付出代价。当它们发生时感觉极好，但这也为我们与将来所有经历进行比较时提供了新的参照点，比较的痛苦也会随之而来。

例如，在一项研究中，把在伊利诺伊州（Illinois）彩票中心赢得 5 万美元到 100 万美元不等的获奖者，与一个没有中奖的控制组[①]进行比较。研究发现，获奖者并没有比未获奖的人变得更快乐；他们也没有表示在接下来的两年里会更快乐。更糟的是，与未获奖的人相比，获奖者在一些诸如与朋友交谈、看电视、听笑话此类的日常活动中享受到的快乐更少。显然，与日常生活中的快乐相比，赢得一大笔钱相形见绌。

当然，这个观点确实有一定的道理。我和妻子基本上每天晚饭时都会分享一瓶啤酒，在我看来，我们喝酒的标准会随着时间而提升。以前我们觉得便宜品牌的啤酒喝起来口感都一样：伯莱兹（Blatz）、福斯塔夫（Falstaff）与斯特罗（Stroh）一样好喝。后来在啤酒天堂西雅图休假，我们有大把的时间品尝各种不同品牌的啤酒，选择餐厅也是根据它所供应的啤酒而非它们的当季菜品。这使我们大大提高了喝啤酒的标准，用餐时再也不愿意喝廉价啤酒。但说实话，在我们的标准没有改变之前，每日喝精装啤酒或许不会像喝斯特罗啤酒那样有

---

① 又称对照组，是指不接受实验处理的被试组。在心理实验中设置控制组的目的是为了消除无关变量对实验结果的影响。——译者注

一种享受的感觉。过去的独一无二,如今却归为平常之物。

然而,关于标准改变的观点存在一个问题:我们需要了解,在任一给定时间点,人们会把什么作为比较点①。有时,我们用过去最极端的经历作为比较点。比如在 Chez Michel 餐厅用过餐后,再去 Nick 餐厅吃饭,感觉可能就不一样了。有时我们会对自己的生活经历进行分类,但并不会将其与极端的人生经历进行比较。美食家可能非常享受在 Nick 餐厅用餐,因为他将这顿晚餐与昨天吃的麦当劳相比,而不是和他上个月在 Chez Michel 餐厅吃的饭菜作比较。

对比较点以及影响情绪体验的方式进行选择是一个复杂的过程,这个过程可能取决于这样的因素:例如,人们如何定义“类别”(比如,“所有的饭菜”与“希腊餐馆的饭菜”)、在特定领域某种经历的时间间隔(比如,他们多久之前在 Chez Michel 餐厅吃过饭)、在特定领域某种经历的次数(比如,在 Chez Michel 餐厅吃的一顿饭或一百顿饭)。为了达到目的,关键在于,比较标准的改变可以帮助我们解释为何人们能够适应各种生活事件;当标准提高后,以前快乐(痛苦)的事情如今却变得平淡无奇。但这并非人生故事的全部。

快乐如血压

另一种看待情绪消退的方式,就是把快乐和血压这样的生理系统作比较。应变稳态(allostasis)②是指机体对环境变化做出反应的过程〔它与内稳态(Homeostasis)③相反,内稳态会试图使机体维持一种单一恒定的状态〕。例如,在我们早上起床时血压会升高,这样才能有足够的血供应到大脑,保证我们不昏厥。当我们坐下来阅读晨报的时候,血压便会下降。身体不会力图维持单一的、理想的血压水平。显然,血压过高或过低对我们都是不利的,所以我们体

---

① 非比较式的图形式评价尺度、逐项列举式评价尺度,只要引进一个比较点就可以转换成比较式评价式尺度了。——译者注
② 应变稳态是基于内稳态的新兴生态学概念,它强调机体能在外界变化的环境中维持内环境稳定。——译者注
③ 内稳态指身体内部能保持一定的动态平衡,即不管外部环境如何变化,一个生物体的体内环境总保持稳定。——译者注

内有某种机制可以把血压控制在有限范围内。

我认为，人类的情绪也有一个类似的过程。能够对周围环境产生情绪反应，这对人们是有益的，所以这种情绪每时每刻都在发生变化。我们体内同样存在某种机制可以使人们远离极端化情绪，这同样有利于人们。

例如，回想一下你上一次的精神愉悦状态。可能是你结婚当天，也可能是孩子呱呱落地的那天，或者是你实现某个人生目标的那天，比如，收到大学录取通知书。你仿佛有一种处在世界巅峰的感觉，一阵喜悦感立刻传遍全身。你的心跳加速，血压上升，呼吸急促。

现在想象一下，如果这种巅峰状态持续一小时、一天或者一周会怎样？听起来就让人筋疲力尽，不是吗？没有人会有精力一直维持这样一种极端的情绪状态。如果我们的血压和心率在几天内持续增高的话，我们可能会患上心脏病。毫无疑问，我们体内有某种机制可以阻止身体长时间处于兴奋状态。

持久积极的（或消极的）情绪会让人付出心理代价，人们会因此很难集中精神并关注新的情绪信息。情绪的功能之一就是快速向人们发出信号，告知人们何处危险应该避开，何处安全可以靠近。当信号发出，告知人们应该怎么做时，人们总能对这些事件作出快速的情绪反应。如果一直沉浸在对过去事件的情绪反应中，就会使这些信号很难传递到位，例如，如果人们一直沉浸在对昨日成功的喜悦之中，就很难察觉出当下的危险和危害。

简而言之，长时间的抑郁或狂喜对我们都是不好的。事件的这种状态看起来可能会令人失望，因为它意指任何事件带给人们的快乐都是有限的。事实上，这既是好消息也是坏消息。好消息就是：如果人们可以程序化地避免延长积极或消极目标的情绪变化，那就说明存在一种保护机制，使我们不会长时间处于消极状态。当然，慢性抑郁症的发生证明，有时这种保护机制也会出错。然而，大多数人都拥有内部机制来帮助他们处理消极生活事件。坏消息是：这些机制可能难以延长我们对积极事件的快乐反应。一般而言，人们拥有的各种生理和心理机制，会对高涨的情绪浇冷水。

为了回应引起情绪反应的内在变化，在生理和神经化学的层面就存在这么一种机制。根据对立过程理论（opponent process theory），引起极端情绪反应的生理变化是极具破坏性的，身体必须采取一定的方法使其恢复平衡。通过启动"对立过程"产生了相反的情绪反应。例如，可卡因的过量摄入会触发消极的对立过程，抵消了毒品所产生的积极感觉。触碰到热火炉，会触发积极的对立过程，以此抵消产生的疼痛。

人们已经普遍采用对立过程理论来解释对身体刺激物（如毒品）的反应。这个理论的一个有趣特征是：通过一段时间，随着刺激物的反复接触，对立过程将会变得更强，持续时间也会更持久。就像吸食可卡因，起初会带来一系列的快感，但是一段时间以后，快感会越来越弱，因为它触发的对立过程力量逐渐增强。

对立过程理论有助于解释当身体系统受到破坏时，生理层面上发生了什么，比如摄入毒品的神经性化学反应。但是这并未很好地解释复杂情绪事件引起的生理反应，诸如中彩票、坠入爱河、或失去爱人等。为了进一步解释为何复杂事件引发的情绪通常很短暂，我们需要研究人们对这些事件产生的各种心理反应和行为反应。

其中一种反应是相当有意识的、审慎的，可以让人们采取措施控制自己的情绪，当遇到消极情绪时尤为明显。我们不喜欢消极的感觉，所以通常会努力改善情绪，比如租喜剧电影看。但我们不太会控制积极情绪——我们为何要故意破坏一种良好的感觉呢？这些事件或许很罕见，但确实存在。如果在葬礼上哄然大笑，肯定不会向当事人传达你的同情心或善意，所以人们在走进葬礼现场前，一般会想方设法让自己情绪低落（比如，想一些令人难过的事）。类似地，如果人们知道必须要集中精力在一些事上，比如要和别人合作完成一项任务，他们就会有意识地使自己避免过于高亢的情绪状态。

另外，生理过程（对立过程）和审慎的行为策略都可以用来平衡正负情绪。然而，这两者都无法全面解释，人们在经历过积极或消极的生活事件后，为什么会恢复得如此之快。我认为我们忽略了一个重要的心理过程，我将这个过程称为：通过心理"正常化"（ordinization）过程来理解意义。

理解生活的意义

设想一个叫莎拉的高中生，得知自己已经被第一志愿学校弗吉尼亚大学录取。

当她打开录取通知书，看到"我们很高兴通知你……"时，顿时感到一阵巨大的快乐和激动，就像主持人宣布保罗·麦克纳博获得一百万大奖一样。然而，很快她就发现自己越来越不在意这件事了。即便再次回忆起当时的情景，她也感受不到当时那种被快乐冲击的感觉，因为，"我将要成为弗吉尼亚大学的一名新生"已成为她的一种身份——生活开始归于平静，她再也没有眼前一亮或非常激动的感觉。

心理正常化同样发生在消极事件之后。当一件关乎人生的消极事件发生时，例如爱人逝世，我们几乎不能思考其他任何事情。这个人占据了我们的思想，就像我朋友卡洛琳一直不相信母亲离开了她，我们感觉自己永远不会摆脱悲伤。艾森伯格（Eisenberg）在他的短篇小说中描写了弗朗西（Francie）刚刚意识到母亲去世时的心情："譬如，只要你一休息，你的臀部就会很疼，这种感觉在提醒你这是事实：现在和以后都是。但是，每过一秒她都会一遍遍地证实这件事的真实性，她确实不相信母亲已经去世，她在与秒针作斗争。现在，这种感觉轰的一下又出现了！或许曾有一瞬间，她清楚地认为母亲还活着，她隐约还看到母亲正脸色不悦地批评她。"

积极的或消极的重大人生事件发生后，我们都会有一个"突然出现"的经历。我们难以思考其他事情，当我们试着思考时，这件事就会突然间猛烈充斥在我们的意识之中。"不，这不可能是真的！但这（突然间涌来的积极或消极的感觉）确实是真的！"但是，这种突然涌现的感觉会变得越来越微弱，这件事再也不会令你产生如此大的情绪力量。事情为何会这样演变呢？

我认为，触发的心理过程通过某种方式削弱了情绪力量，使一件事从特殊化向一般化转变。通过将事件普通化、一般化甚至将其排外，从而将其纳入对自我和世界的认知中。一旦发生异常的或有悖于社会期望的事情，纳入认知的事件就会参与大脑活动，对新事件进行协调和解释。如果有可能，人们还会把这一新事件纳入自己当下的知识体系和期望中。这样做通常涵盖了对事件的重新建构，从而使其看起来更易理解，也更具可预测性。

有时事件发生得太出乎意料或者与我们的世界观大相径庭，以至于我们很难接受。例如，至亲突然去世，或者认为自己已到癌症晚期，后来发现是误诊，我们的身体其实很健康。当固有知识很难解释一些事件时，我们会选择改变认知去适应新的事件，使事件看起来相对正常并可预测。当然，这个过程需要一段时间。当重大的人生事件发生时，它会占据我们的思想，我们会不断地经历"突然出现"的感觉。不过，这种"突然出现"的感觉的发生频率会逐渐减少，感觉的强烈程度也会逐渐减弱。因为我们的世界观为适应新事件而发生了改变，而且过去的事情会慢慢淡忘。

事实上，我对同化和顺应①的描述并无新颖之处。发展心理学家让·皮亚杰（Jean Piaget）在五十年前就已描述过这个过程，来说明儿童如何了解他们所处的自然和社会环境。此外，其他很多心理学家探讨了人们在减少不确定性、发现意义和解释新奇事件上的倾向程度——简言之，人们对自己所处世界的理解。然而，理解的情绪结果却很少被谈及。在我看来，一旦情绪事件被解释，就被打包储存于大脑中，慢慢地我们就会忘记这个事件，而事件本身产生的情绪力量也会逐渐减弱。因此，一个基本的悖论就是：人们想方设法理解各种新奇事件，促使积极事件重复发生而避免消极事件，但这样做的后果就是：假若日后遇到类似的积极事件，他们将不会再有那种愉悦感。

"我自始至终都知道……"

人类理解系统起作用的一种方式是，在事后认为这件事具有更多的可预测性和必然性。例如，回想一下 1998 年年底到 1999 年年初克林顿总统被弹劾的事情。当丑闻事件败露后，众议院投票要求弹劾总统，参议院也进行审判讨论克林顿是否应该卸任，但结果难以预测。有人认为参议院会投票证明总统有罪，因为有足够多的民主党人对克林顿的行为感到愤慨，他们很可能会跨越政党的界限，投票反对克林顿。也有人认为克林顿就像先前的尼克松总统一样，应该在参议院进行羞辱性的审判之前辞职，或通过辩诉交易②来避免这样的审判。大

---

① 皮亚杰认为，同化与顺应是儿童适应的两个对立统一的过程。——译者注

② 美国的一项司法制度，指在法官开庭审理之前，处于控诉一方的检察官和代表被告人的辩护律师进行协商，以检察官撤销指控、降格指控或要求法官从轻处罚为条件，换取被告人的认罪答辩。——译者注

多数人认为，即使审判如常进行且结果是克林顿无罪，他的总统职位也会受到牵制，他会发现自己将很难继续驾驭这个职位。

结果，克林顿被宣告无罪，令人奇怪的是，政府几乎照常运作——只有极少数人预测到这个结果。但是，回想整个过程，这个结果似乎也不难预测。尤其是在弹劾程序的浓厚党派氛围下，民主党派人士很少会在党派内对克林顿投反对票。像比尔·克林顿这样韧性高的政治家，在整个审判过程结束后安然无恙，没有人会感到惊讶。一旦知道事件的结果，人们会建构解释说这个最终结果具有必然性，人们的态度较之结果出来前来了个大反转，当时人们也只是认为这个结果具有可能性。

事后诸葛亮并不是有意识的过程。如果我们知道自己夸大了事情的可预测性，在一开始就不太可能会这样做。人们一般不会这样说："我解释了克林顿总统能从弹劾中全身而退的原因，现在我要改变在审判之前预测的观点。"当然，观点的改变很快且是潜意识的。因为这个事件现在似乎是可预测的，真没劲，它看起来平淡无奇、乏味无聊，情绪力量也会随之减弱。

如果人们理解世界的倾向会破坏他们感受新奇事件的兴致，那么理解起来有困难的人，将会拥有更持久的快乐。这看起来像是老年痴呆症患者的一点优势。患有老年痴呆症的人丧失了形成新记忆的能力，并且不能以任何持久的方式来解释新奇事件，因为所经历的每一件事对他们来说都是第一次，所以与正常人相比，这些事件带来的愉悦感不会很快消退。

老年痴呆症使每件事情都具有新鲜性。发病后，陌生的永远不可能变成熟悉。他们的头脑里经常充斥着新的刺激物，所有的事情通常是眼前这一瞬间发生的，有一种浑厚的、洪亮的、势不可挡的感觉。"发现对自己所关注的任何事情都怀有欣赏之情"，一个老年痴呆症病患表示，"它非常清晰和真实。一旦移开目光，它就会消失，成为过去。回想起来它又是鲜活的……"永远新鲜，可以看做是赋予老年痴呆症患者的安慰奖。

心理免疫系统

尽管心理"正常化"过程在积极和消极事件中都发挥作用，但它却致力于将我们的情绪控制在一个有效的、合理的范围内，努力使消极事件的影响最小化。我们都希望能够尽快克服挫折、失败和失望，早日迎接成就与成功。矛盾就在于：我们越想维持对积极事件的反应，潜意识过程就越会使我们快速地恢复常态。相反，人们希望从消极事件中恢复就需要冲破多重阻碍才能实现。

其中一些防御机制是有意识的、审慎的。当我们感觉到忧郁时，都会采取一些方式让自己高兴起来，例如，拜访朋友、看电影、打篮球或者狂吃一盒巧克力来寻求安慰。然而，这些方式通常只会发挥短暂的作用。当我们打完篮球或者把残留在嘴角的巧克力末舔干净后，抑郁又重新回到我们身边。

庆幸的是，人们还拥有强大的心理防御机制在意识背后运作，通过降低负面信息的影响力，从而将负面信息合理化，对其重新解释，使其得到正解。当有人说我们的头发看起来像修整不齐的篱笆时，我们认为他们是在开玩笑，对我们并无大碍。当有人拒绝和我们约会时，我们极力说服自己其实彼此并不合适。当我们欲发表的文章被杂志社编辑退回时，我们会认为是编辑没眼光。当这些事件刚刚发生时，我们的确有些受伤，但很快就会通过重新解释或使它们合理化的方式来排解郁闷感。正如我们拥有心理免疫系统可以识别危险异物并设法降低它们的影响力一样，心理免疫系统也会识别伤害自尊的威胁，并设法消除威胁。

总之，心理"正常化"的过程在积极的和消极的事件中都会发挥作用，而心理免疫系统却是人们对抗消极情绪的另一种武器。心理免疫系统用"感觉良好"来作为标准（在第二章已经讨论过），也就是说，以一种保护我们自尊的方式选择、解释和评估传入信息。社会心理学中最重要的一课是，面对威胁信息，我们每个人都是高级顾问、合理化者和辩护能手，会竭尽全力维持幸福感。而且，心理免疫系统一般都在意识之外运作。

第三节　从创伤中快速恢复

所有的证据都表明人们具有极强的恢复能力，但令人惊讶的是，人们在预测对未来事件的情绪反应时并没有意识到这一点。在大量研究中，我和丹尼尔·吉尔伯特发现，人们缺乏对情绪恢复能力的认知。其中一项研究是针对大学生足球迷进行调查，让他们预测当喜欢的球队赢或输球后的快乐或悲伤程度。他们预测的结果是：比赛结果会在两到三天内影响他们的整体幸福感，但事实并非如此。比赛后的第二天，他们的幸福感就恢复原状了。在另一项研究中，让助理教授预测是否会被永久聘任时，他们认为永久聘任会对自己未来五年的整体幸福感产生巨大影响。事实上，五年前那些获得永久聘任的教授，远不如那些未获得永久聘任的教授更幸福。

对内在世界如何改变的错误预测

　　为什么人们没有意识到自己的情绪具有极强的恢复能力呢？简要的答案是，心理"正常化"的过程在我们的意识之外运作，因此，当人们预测自己的情绪反应时会忽略它。人们不会重视内心世界发生的各种变化，所以才使事情看起来是正常的、预期的甚至是平凡的。

　　在预测消极事件的案例中，我和丹尼尔·吉尔伯特将认知的缺失称为"免疫忽略"[①]，因为人们未能认识到心理免疫系统将会在多大程度上发挥作用并使事件合理化。这一观点通过一项关于求职者面试的研究得以证实。在这项研究中，研究者让他们预测，如果自己未被录用，不开心程度有多大。其中一组被试由一个词不达意的考官单独面试，该考官问的都是偏离职位的问题，而另一组被试由一组经验丰富的考官面试，考官问的大多是与职位高度相关的问题。两组被试都预测，如果没有被录用他们会不开心。然而，当告知他们没有被录用时，第一组被试会从这种失望中更快恢复。对他们来说，将失败的责任归咎

---

　　① 吉尔伯特等人研究发现，负向的情感体验会激活人的心理免疫系统。人的心理免疫系统包括降低失调、动机性推理、自我服务归因、自我肯定和积极的幻想。这些防御机制很大程度上是无意识的。当人们对情感反应进行预测时，因为意识不到防御机制在起作用，因而不会考虑到它们对情感的影响，这种对心理免疫过程的失察被称为免疫忽略。（引自梁哲、李纾、李岩梅、刘长江合著的《幸福感预测中的影响偏差》，见《中国心理卫生杂志》，2007 年第 10 期。）——译者注

于考官而不是自己，从而使自己的失败合理化是一件很容易的事，但是对另一组人来说，将责任归咎于考官则是一件很难的事。我们发现，比较有趣的是，当被试对未被录用后的不开心程度做出预测时，并不会考虑使它合理化的容易程度。被试认为，如果两种情况下都未被录取，伤害的持续时间是一样的。

对外部世界如何改变的错误预测

高估情绪反应持久时间的另一个原因是：人们没有意识到，在情绪事件发生后，其所处的外部世界同样也会发生变化。之所以会犯这种错误，主要是因为他们误解了事件的本质。当人们设想中百万大奖后自己的生活将会发生什么变化时，首先想到的是出国旅游或买辆新车。如果人们知道中了彩票还会引起家庭纷争、失去朋友或者在半夜遭受电话骚扰时，他们可能会对中奖后的感受做出更精确的预测。心理学家把这一现象称为"错误解释"：由于人们在考虑某情绪事件时采用的方式不正确，从而错误预测自己对该事件的反应。

即使人们本来对某个事件了如指掌，也依然会犯持久性倾向的错误，例如前面提到的求职失败以及大学生足球迷的例子。"错误解释"也无法解释这些案例，因为，即使是人们未预料的事件也会导致预料的结果。大学生足球迷已经观看过很多场比赛，几乎可以很好地预测出他们喜欢的球队赢或输时自己的情绪反应。然而，他们依然高估了情绪反应的持久性，因为他们忽略了一个事实：随着时间的流逝，许多其他事件会影响到他们的思想和感觉。人们在思考将来发生的事件时，倾向于将其置于真空状态，而没有想到自己的生活将会被各种各样的事件所充斥，这些事件同样也会吸引他们的注意力并影响其幸福感，我们把这种倾向称为"聚焦"。

当然，人们并没有千里眼，所以无法准确预知未来。关键在于，不论事件会产生怎样的结果，都会博取人们的眼球，而不管这些事件是具有不可预测性（久未联络的表兄弟突然出现在我家门前，说要和我们共同生活一个月）还是可预测性（我们出去工作、参加会议、回家、和孩子们玩耍）。忽略这一事实而将未来置于真空中，人们会高估事件对他们幸福感的影响时长。正如哲学家弗拉第斯劳·达达基兹 （Wladyslaw Tatarkiewicz）所言："无论人们真正经历什么，不管是快乐和悲伤，还是幸福和苦难，这些通常达不到人们的期望值……在预测未来事件时，我们只是在心里独立思考，并没有顾及其他因素。"

若真是这样，通过让人们全面思考未来会发生的事件，从而削弱持久性倾向，这是有可能的。这是我们在针对大学生足球迷的研究中发现的。就像前面提到的，我们发现了标准的持久性倾向，正是这一倾向使人们预测比赛结果对他们的影响时间要长于实际影响时间。让另外一组被试参加与研究毫不相干的实验，在研究中他们要详细描述，在未来的某一天中他们将会做什么，比如花多少时间去上课，花多少时间与朋友社交，花多少时间学习等。然后让这些被试预测，未来某一场足球比赛的结果（赢或输）对他们幸福感的影响程度。

我们会提醒被试，球赛不会在真空环境中发生，在接下来的日子里，会有许多事件吸引他们的注意力，从而成功地削弱了情绪的持久性倾向。第一个完成未来"日记"的人，预测他们不会比其他被试花更多时间去关注比赛，而且比赛结果也很少影响到他们的整体幸福感。

人们为何会高估自己对未来事件的情绪反应的持续时间，现在已经很明了了。首先，人们未能重视外部事件对自己思想和感觉的影响程度（聚焦偏差）。或许更重要的是，人们也未能预测出，通过心理"正常化"的过程，新奇事件恢复正常的速度有多快。另外，由于在人们做出预测的同时，很难发现事件是新奇的、具有重大影响力的，这使得预测恢复速度变得尤其困难。因为当人们想象自己中了乐透、家人离世，甚至是买了新车或新电视时，他们只是在思考不寻常的、会引发情绪的事件。即使从抽象意义上人们也知道，这些事件会随着时间流逝而逐渐趋于平淡，但仍然很难忽视它们现在看起来是新奇和瞩目的这一事实。

长久以来，我所描述的人们对自我的了解并非那么鼓舞人心。大多数人不能深入了解自己的特质、反应的原因、自己的当下感觉以及未来感觉。是否有希望改善这一情况呢？什么策略会发挥最大效用呢？提升自我洞察力是否总是很明智的呢？或者说偶尔的自我幻想也是一件好事？

第八章
撰写属于自己的传记

　　我喜欢将内省比喻为个人叙事，即与传记作者一样，建构关于他们生活的故事。我们将观察到的（我们意识内的思想、感觉、记忆、自我行为以及他人对我们的反应）变成故事，如果一切顺利的话，还要抓取至少一个我们观察不到的部分（我们潜意识的人格特质、目标和感觉）来填充这个故事。当我们在生活中遇到一件痛苦之极的事时，比如痛失爱人，在内心不断回忆并重组我们和爱人一起度过的美好时光，有助于我们减轻痛苦，改善糟糕的自我状态，从而更快地回归到日常生活中来。

　　研究显示，人们极不情愿去探究自己内心深处的思想。因为他们深知，人生最痛苦之事，莫过于内省。

　　　　——亨利·亚当斯（Henry Adams）《亨利·亚当斯的教育》（*The Education of Henry Adams*）

　　我们很难完整地了解自己，例如我们的无意识癖好、人格特质、目标以及感觉等。人们如何了解他们心灵的潜藏角落呢？比内省更好的起点在哪里？我们中许多人设想开辟一条内部路径，如果人们谨循此路径，将会大大加深对自我的了解。内省确实很有用，但其作用方式并非多数人所认为的那样。

　　内省是一个广义的概念，它涵盖了对我们自身的心理内容进行检测的不同方式，包括为说明我们对某事物的感觉（"我真的想吃杏香鳟鱼呢，还是宁愿要一个汉堡？"）而突然做出的临时尝试，以及在冗长的日记中记录的十年以来作出的自我分析。探究的客体千差万别，人们可以设法破译他们的感觉、动机、特质或价值观，而不是去谈论他们晚饭想吃什么。内省通常是一项单独活动，但也可以在诸如心理治疗师的指导下完成。

将各种完全不同的内省合并在一起是毫无意义的。洞察疗法是否与关于点菜偏好的无聊想法有共同之处？事实上，即使透过精神分析、自我的后现代主义概念以及关于自我审视的社会心理学研究这些不同研究取向的"镜头"来看，我认为不同形式的内省也有很多共同之处。

第一节　人们是如何看待自我的

人们常常认为，内省是照亮思想和感觉的手电筒，这些思想和感觉事先并不是人们意识内关注的对象。人的心理就好比一个洞穴，而意识则是那些在手电筒光亮照射下的物体。洞穴中的任何事物，仅仅通过将光束照向正确的方向就可以进入意识内。这种观点认为，埋藏再深的思想和感觉，也能被"亮光"照射出来。

这种研究取向与弗洛伊德关于心理的拓扑学模型的某部分很相似，即前意识层面与意识层面。人们的很多想法和感觉，都没有受到压抑，除非碰巧是当前关注的焦点。根据弗洛伊德的观点，这些前意识的内容可以"成功吸引意识的眼球"。自我意识只需将手电筒指向正确的方向，就能将特定的思想和感觉带到意识中去，例如，"我家乡的名字是＿＿＿"或"奥格尔索普是一个奇怪的人名"。

关于"内省是手电筒"这一比喻还可以用来理解未被注意到的感觉。有时在人们还未意识到它之前，一些感觉就已经发生了变化，例如威廉姆·卡朋特给出的例子："异性间的强烈依恋感在不断加深，但他们彼此并未意识到这个事实。"感觉可能会像蘑菇一样在黑暗中萌生，然而，通过一点内省，"手电筒光束"就可以发现它们。

但这一比喻有其局限性，因为并非洞穴中的每个事物都能轻易地被照亮，例如，未被注意到的感觉或许就是例外而非常规。尽管感觉是可能会变为意识的适应性潜意识的一种产物，但有时甚至连感觉都是潜意识的，而适应性潜意识的其他内容，例如人格特质和目标，很可能继续潜藏在人们内心深处，以至于意识（手电筒的光束）无法发现它们。

当然，弗洛伊德意识到了这个局限性，这也是为什么潜意识是拓扑学模型中最重要的一个部分。作为一个古董收藏家，弗洛伊德喜欢将精神分析比喻为考古挖掘，即过去的线索都埋藏在"心灵土壤"的最下层。在经历了重重困难后，那些线索就能被逐个挖掘，而且将那些线索组合在一起就可以揭示人们无意识驱力和感觉的本质。

考古比喻中有一点非常重要，即潜意识的想法也可以成为有意识的想法。但这比简单地用手电筒的光束照射要困难很多。原因有两点：第一，潜意识的思想和感觉往往是过时的，可以追溯到童年早期，因此深层的挖掘很有必要；第二，有活跃的力量正试图阻止挖掘（例如压抑和抗拒），所以我们需要接受资深治疗师的帮助，从而实施自我分析。考古挖掘比喻和手电筒比喻之间的主要区别在于，潜藏思想（在潜意识或前意识中）的位置以及揭露它们的难度。然而，这些比喻都认为有些真相可以通过内省来揭露。正如心理分析学家唐纳德·斯宾塞（Donald Spence）所说：

弗洛伊德喜欢把自己看作一位考古学家，他认为，在精神分析过程中，他始终是在揭露过去记忆的碎片。假如患者凭借自由联想回忆过去，并且，如果我们听到的故事与患者正在讲述的相同，那么很容易得出结论说，我们听到了一段关于"事物本来面貌"的历史叙事。

假如内省是一种完全不同于用手电筒照射或进行考古挖掘的活动，情况将会怎样呢？适应性潜意识是普遍存在的，但隐藏的发动机在意识表面之下嗡嗡作响，并且没有发动舱口以供我们打开来直接观察其是如何运转的。正如我们观察不到知觉系统（例如，双眼如何进行观察）的运作一样，我们也无法直接观察潜意识的特质和动机。虽然当我们内省时，可能会感觉似乎发现了关于自己的重要真理，但我们仍无法直接运用适应性潜意识。我们就像是需要被理解的文学作品一样，而内省则是其中的文学评论。就像文学作品中没有惟一的真理一样，我们建构了许多专属于自己的真理。

我喜欢将内省比喻为个人叙事，即与传记作者一样，建构关于他们生活的故事。我们将观察到的（我们意识内的思想、感觉、记忆、自我行为，以及他人对我们的反应）变成故事，如果一切顺利的话，还要抓取至少一个我们观察不到的部分（我们潜意识的人格特质、目标和感觉）来填充这个故事。

有一种版本的叙事视角与考古比喻毫不冲突：人们可以通过内省挖掘很多关于他们自身的东西，然后将此编织成一个故事。任何考古挖掘都是不完整的，即使了解过去，也不可能发现所有。我们可以通过一些方法，来填补空白并理解所有古物的意义，而这正是叙事的来源。根据这个观点，内省是人们表达真实感觉和动机的途径，但"原始数据"仍然需要与一个连贯的自我描述结合起来，并且可能有几种版本。这种观点与弗洛伊德的精神疗法思路相一致，这在他后期的作品中尤为明显。自由联想和解释的过程，不仅仅揭示了当事人的真实过去，还建构了一个叙事，并且这个叙事对其人生作了合理、连贯的解释。

但我们需要更激进一些。内省本身包括了故事建构，所以很多传记的真相必须被推断而不是直接观察。故事建构发生在所有阶段，从对个人动机的临时内省到长期心理治疗。对内省最好的解释并不是手电筒或考古挖掘，而是运用有限的源信息来撰写的自传。

当手电筒的比喻能够阐明意识的内容时，这个比喻就非常恰当。此刻我可能不记得现在牙医的名字，也想不起对牙根管的看法，但通过一点内省我就能将这些想法和感觉带入意识内。然而，不管我怎么努力内省，都无法阐明适应性潜意识的内容。所以，不要尝试通过直接途径将潜意识目标与动机带入意识状态，而要在故事建构过程中让意识自我来推断这些意识状态的本质。

例如，朱利安·巴恩斯（Julian Barnes）在一篇小故事中这样写道，安德斯·博登（Anders Bodén）每两周乘船出行一次，去查看他锯木厂里风干的工作棚。碰巧，镇上药剂师的妻子芭布罗（Barbro）也是每两周去看望一次她的妹妹。安德斯和芭布罗发现，当两人站在船的栏杆旁欣赏沿途森林的美景时，同时也在互相享受着彼此的陪伴。

人们可能会认为，通过简单的内省，安德斯就可以清楚地知道自己对芭布罗的感觉并密切关注自己的感觉，但是，对适应性潜意识的渴望未必总能轻易看清楚，所以安德斯不得不建构他的感觉。在他们相遇之前，安德斯从未对芭布罗有过多的关注，刚开始时他发现芭布罗是一位友善的旅伴，她会倾听自己讲他们途经地方的历史，仅此而已。直到安德斯的妻子指责他和芭布罗有暧昧关系时（安德斯的妻子已经听到了小镇上关于安德斯和芭布罗在船上私会的流言），他才开始好奇自己对芭布罗是否有更进一步的感觉：

> 安德斯·博登把妻子对他的羞辱有条不紊地罗列出来。他认为，如果妻子相信了这些流言蜚语，那么即便他和芭布罗之间真的什么都没有发生，也会被认定是有暧昧关系……当然，现在我明白了：事实是自从我们初次在船上相遇，我就已经爱上了她。如果不是妻子的帮助，我不会这么快地意识到这一点。

妻子的猜疑令安德斯的自我叙事发生了至关重要的转变，而不是因为他通过内省认识到先前未注意到的感觉群。安德斯推断自己爱上了芭布罗，并且这个推断成为其叙事的中心部分。而芭布罗也同样认为自己爱上了安德斯，但是他们的见面在芭布罗的妹妹搬走后就结束了，之后她再也找不到乘船出行的理由。他们各自的生活依旧继续着，但两个人很少有机会见到对方。这个故事的可悲之处在于，随着岁月的流逝，这对准情侣美化且珍视着"他们相爱"的个人化叙事（private narrative），但当他们最后尝试以一次宿命的相遇来使此叙事现实化时，却只看到这些叙事的灰飞烟灭（其实他们并不相爱）。事实证明，安德斯和芭布罗并不是特别了解对方，就像厌氧生物已经适应了氧气不足，他们深爱彼此的个人叙事也敌不过一次真实相遇的新鲜空气。

如安德斯和芭布罗一样，人们是否会因为内省过度而建构出一个感觉假象呢？是否存在一种内省方式比其他任何一种方式更能促成美好的结局呢？

第二节　日常生活中的内省

几年前，我的几个研究心理学的朋友搬到一座新城市并开始寻找住处。他们采取一种不同寻常的方式来寻找房子。首先，他们罗列出自己喜欢的房子的所有特征，例如邻里、学区、房间数量、厨房的布局等。这份清单非常详尽，长达数页。然后，当他们与中介一起看房时，就拿出那份清单的副本，照此对每所房子的各个属性进行评价。他们还采用了社会心理学家常用的七分制来打分。这间房子的厨房是打五分还是六分呢？那杂物间呢？斟酌了几处房子后，我的朋友们认为，他们还有一个好办法来量化并记住自己对每一处房子的感觉，即可以通过简单地估算每处房子的平均分来决定该买哪一个。

相比之下，我的中介决定了其客户想要的房子的类型。当第一次与客户见面时，她会耐心倾听客户描述他们的偏好，还赞许性地点点头。正如我的心理学家朋友一样，很多人都会详细讨论房子的细节。可结果是，她会忽略客户刚刚谈到的所有要求，然后带他们去看各式各样的房子，有现代的，有古老的；有带大庭院的，有带小院子的；有在城里的，有在乡下的，即使客户刚刚说过，他们永远都不会考虑具有这些特征的房子。

第一次看房时，她会密切关注客户刚进入房子时的情绪反应，试图推测出他们真正想要的房子。她断定，人们通常喜欢的户型与其所描述的有很大差别。例如，有一对夫妇说，他们想选一处具有特色的、年代久远的房子，并且丝毫不会考虑购买新房子。然而，我的中介注意到，当她把这对夫妇带到现代化的住宅群时，他们精神抖擞，看起来很高兴。最终，这对夫妇买下了一套郊区新开发的楼盘的房子，而不是他们一直想要的城里的老房子。她把自己的经验分享给其他中介，甚至在他们中间还流传着这样一句话："客户心口不一"。

当然，消费者不会故意歪曲他们想要的东西。相反，他们可能并未完全意识到自己的偏好或很难清晰地表达出来。我的中介之所以成功，是因为她擅长揣测客户心理，甚至比客户自己更了解其偏好。

是否有一种方法，可以使人们更加认真地对无意识状态进行内省，从而更好地领会它们？如果人们可以完全清晰地表达他们的偏好，将会节省大量时间，而房屋中介也无需领着客户在不同的小区间四处乱转就能找到客户真正想要的房子。

或许，我那些心理学家朋友的方法并非没有道理。如果人们擅长运用七分制来评价每所新房子、新车子或理想的伴侣，那么结果就越接近他们的偏好，这样或许可以更好地确定他们真正喜欢的东西。许多富有智慧的人都推崇这种策略，例如，本杰明·富兰克林（Benjamin Franklin）给科学家约瑟夫·普利斯特里（Joseph Priestley）的一封信中这样写道：

我的方法是，在白纸上画一条直线，将其分成利弊两栏。在接下来三到四天时间的考虑中，我会把在不同时间里突然想到的各种动机的简短提示都记录在这两栏中，以支持或反对每种方法。当每个（理由）都被这样分别、相对地考虑过后，答案就摆在我的面前，我可以更好地、而不是草率地做出判断。

也有人认为利弊分析方法并不是很有用。更糟糕的是，当作家马里奥·巴尔加斯·略萨（Mario Vargas Llosa）担任柏林电影节的评委时，他发现这种方法有可能会掩盖他的真实感觉：

每次参加电影节时，我都会随身带一包新卡片，然后真实地记录下我对每部电影的看法。结果我发现，电影不再那么有趣，而且对它的分析反而变成了一个令人十分困惑的问题，一场与时间、黑暗以及我的审美情感的较量。我担心的是，当我对每部电影都进行全面评估时，我的整个价值观体系都会受到冲击，而且我很快就发现，我再也不能轻易地说出自己喜欢或者不喜欢哪部影片及其原因了。

一位著名的社会心理学家，当她接到另一所大学的职位邀请而举棋不定时，也有类似的经历。这是一个很难取舍的决定，因为她现在的职位和将要去的职位都各有利弊。她的一位同事欧文·詹尼斯（Irving Janis）曾经写过一本书，忠告人们要做一份详细的"资产平衡表"（balance sheets），列出每种选择的利弊（这与富兰克林的建议一样），所以她决定尝试一下。在她的报告中这样描述所发生的一切："这个表格我只进行了一半就说，'哦，老天，总是得不出结果！我不得不找到一种方法使其中一种选择优于另一种选择。'"

最后，我还要补充一下我那些朋友运用七分制的详细清单对看过的房子进行评估后所发生的事情。他们按部就班地填完几所房子的评估清单后发现，对于喜欢的房子类型及其原因反而比之前更加困惑。他们说："最后我们扔掉了那份清单，跟着感觉走，寻找最喜欢的房子。"后来他们买下一座非常不错的房子，并在那里快乐地生活了十五年。这个例子告诉我们，内省也许并不总是有效的，有时可能会误导人们的感觉。正如诗人西奥多·罗斯克（Theodore Roethke）所说，"内省是使原有心理状态更为混乱的祸根。"

这是否意味着内省是无用功，最好避免呢？而且我们是否应该反对所有的纸上谈兵，并建议人们关注除自身之外的一切事物呢？如果一位心理学家告诉人们绝对不要内省，这实在令人费解，当然这不是我的想法。关键是要明白，内省并不能打开通向潜意识的奇幻之门，而是一个建构和推断的过程。一旦明白之后，问题就变成了建构过程何时可能有用以及何时无用。

不要分析原因

试想，当人们运用富兰克林的内省法分析其偏好的原因时，会发生什么。

有时，人们会严格执行富兰克林的建议，详细罗列每一选项的利弊。但有时则不太严格，例如，当他们认为"不管怎样，对于与我约会的人，我会有这样或那样的感觉，为什么？"我和其他研究者曾对人们以富兰克林的方式进行内省的结果展开调查。通常我们会让人们花大约十分钟时间写下他们会产生某种特定感觉的原因，并告诉他们这一调查的目的是为了组织其想法以及我们会为他们所写的内容保密，然后我们会观察内省对他们随后态度的影响。

我们要求人们对各种类型的态度进行分析，包括他们对刚认识的人、恋人、政治候选人、社会问题、消费品、艺术品及大学课程的感觉。令我们惊讶的是，人们很轻松地就能想出产生这种感觉的一系列原因。几乎没有一个人会说："对不起，我真的不知道自己为什么有这样的感觉。"相反，人们可以自由地、毫无困难地列出非常详尽的理由来解释他们的感觉。

然而，人们列举的原因的准确性却遭到了质疑。但人们并非总是错误的，如果人们说他们爱自己的恋人是因为他非常善良或是因为他有很强的幽默感，他们或许是对的。但是，人们无法洞察其感觉中的关键原因，而且，这些原因还会受到文化规范或自我认知的影响，这些文化规范或自我认知往往是错误的，或者至少是不完整的。例如，在第五章关于连裤袜研究的讨论中，人们并未意识到，分析四双连裤袜的排序问题，可以帮助他们确定自己最喜欢哪一双。与此相反，人们却喜欢通过建构故事来解释他们的感觉，并且这些故事往往是不真实的。借用伊曼努尔·康德（Immanuel Kant）的话，"即使经过最严格的审查，我们也绝不可能完全了解行动背后的秘密。"

如果人们意识到自己的解释有时并不准确，那么他们就可以毫无顾虑地列出产生这种感觉的原因。人们可能会说："我会尽力而为的，但请记住，我列出的原因并不完整，有些可能是错误的。嘿，博士，我在大学修过心理学。"然而，正如第五章中所言，人们常常会有一种自命不凡的错觉，认为他们给出的原因比真实感觉更准确。

因为过于信任自己的解释，于是人们便认为其感觉与所列原因是相一致的。

如果列举约会对象不尽兴的原因（"他对室内装饰的品位很高"），人们推断的结论是，他们并非恋爱的全部——即使他们曾经相爱过。换言之，他们基于"所列的原因并非完全可信"这一事实而构建了一个有关他们感觉的故事。这个故事对人们敲响了事实的钟声，但是，因为他们已经使用了错误的信息（这些原因刚好出现在他们的脑海中），所以往往会歪曲他们的真实感觉。

我们已经找出事件发展顺序的例证。例如，我和多洛雷斯·卡夫邀请恋爱中的大学生，私下里匿名写下他们的关系为何以目前这种方式发展，然后对其在恋爱中的快乐程度进行评价。与那些处在可控环境中没有分析原因的学生相比，这些学生更有可能改变他们对恋爱关系的态度。一些学生因为有了爱情而变得更加快乐，而另一些学生则没有那么快乐。

这是为什么呢？首先，我们假定人们并不完全了解他们为什么会有这样的感觉。但这并不意味着人们可以准确地说："好的，这是我的理由：她的正直和善良占我43%的爱，她的幽默感占16%，她的政治观占12%，她把头发缕到耳后的情感姿势占2%，剩下的就是外激素（pheromone）①。"相反，人们想到的爱别人的原因，往往与他们的文化规范及自我认知相一致，这也刚好是他们的心中所想（"看着他沙发上的螺旋花纹，我心想，他应该对室内装饰很讲究"）。由于这些原因有些随意性，所以通常与人们之前的感觉完全不同。实际上，人们列出的原因与他们讲述的在几周前的恋爱关系中感受到的愉悦感几乎没有关系。但是因为人们并未意识到这个事实，所以他们认为这些原因是对自己感觉的准确反映，从而导致其态度发生变化。简言之，人们往往会依据刚好想到的原因，来建构关于自己感觉的新故事。

这在马塞尔·普鲁斯特的《追忆似水年华》中也有所体现。正如第一章中所写的那样，马塞尔分析并内省自己的感觉后，认为自己不再爱阿尔贝蒂娜了："我在把阿尔贝蒂娜给予我的平平淡淡的快乐同她使我未能实现的绚丽多彩的欲求加

---

① 动物分泌的能影响其他个体的行为和生理变化的物质。如雌蚕分泌的家蚕醇吸引雄蚕，有些哺乳动物也会分泌外激素的腺体，如麝香。外激素多通过嗅觉和味觉起作用。——译者注

以比较时……我以为自己明察秋毫，我断定我再也不愿见到她，我已经不爱她了。"

必须指出的是，分析原因并不总会导致态度向消极方面转变。例如，在之前对大学生恋爱关系的研究中，并不是所有列出原因的大学生被试，都对其恋爱关系持有更加消极的态度。与之相反，态度转变的方向取决于人们刚好想到的原因的本质。那些能够很轻松地想出积极原因的人们（"他是一个非常好的、很容易沟通的朋友。"）会积极转变自己的态度，而那些记起负面或消极原因的人们（"他拥有良好的时尚品位，不过他要是别常穿粉色衬衣的话就更好了。"）则会朝消极方面改变态度。马塞尔发现，他很容易就能回忆起自己与阿尔贝蒂娜关系的消极方面，因此得出结论，自己不再爱她了。

如果本杰明·富兰克林拿起一本心理学杂志，当他读完这些调查结果后，可能会说："正如我所料，如果人们退一步思考利与弊，他们就可以提出一个更清晰、更理性的观点。并且，比起那些迅速的、武断的判断，人们冷静思考后的态度往往更为理性。"

然而，人们通过分析原因而建构的故事，往往会歪曲他们的真实感觉。马塞尔就是一个例子：直到阿尔贝蒂娜离开自己之后，他才意识到自己小题大做的感觉错得有多离谱。我们发现，人们在分析原因之后陈述的感觉往往不准确，从这种意义上讲，这些感觉导致人们做出日后会后悔的决定，从而不能更好地预测他们日后的行为，并且这与专家的观点也极不一致。

例如，在另一项研究中，我们邀请一些被试，罗列出他们的关系维持至今的原因，并将其与未分析原因的被试进行比较。那么，谁的感觉能够更好地预测其关系的长久性呢？答案是后者，即那些并未分析原因的被试。这正好印证了一种观点，即当人们分析原因时会基于错误的信息建构故事，例如，这种关系的哪些方面更容易用语言表达，或与他们自己建构的感觉理论更相一致，所以与控制组中未分析原因、仅凭直觉的被试相比，他们更不了解自己的真实想法。正如歌德所说，"太过深思熟虑，反而选不到最好的。"

一项关于人们对艺术品态度的研究验证了歌德的假设。一些人准确分析了他们对五幅海报的喜欢与否，而另一些人则没有。然后，所有被试都从这五幅海报中挑选一幅带回家。两周后，研究者打电话回访，询问他们将自己所选的海报带回家后是否开心。本杰明·富兰克林可能会预测说，分析原因的被试，通过仔细铺陈每幅海报的利弊，最终做出了满意的选择。恰恰相反，研究结果显示，凭直觉做出选择的被试更开心。马里奥·巴尔加斯·略萨发现，当自己对每部电影都进行分析后，就会难以讲出对影片的感受。而就像略萨一样，那些分析原因的学生被试，似乎不知道自己究竟喜欢哪幅海报。

几年前，一位记者就这个研究采访了我。我们聊了一会儿后，那位记者说他还有最后一个问题："威尔逊博士，您认为人们不应该考虑自己的感觉，而应仅仅依据冲动就做出选择吗？"我感到震惊，脑海里立即浮现出正如眼前这位记者所言的画面：青少年怀孕、吸毒以及不断发生的斗殴现象。

对知情和不知情的直觉进行区分是至关重要的。我们需要尽可能多地搜集信息，这样适应性潜意识才能做出稳定的、明智的评估。大多数人都认为，与初恋对象结婚是不明智的，因为初恋仅仅依靠冲动和直觉。如果多花些时间和初恋对象在一起，互相非常了解后发现仍然对彼此有着积极的直觉，这将会是一个好的迹象。

关键就是主动收集足够多的信息以培养明智的直觉，并且不要过度分析。如果想知道某个人能否成为好伴侣，我们就需要获取大量信息，而适应性潜意识会帮助我们处理这些信息。重要的是，我们不要太刻意地从意识层面分析信息，并不断地对其利弊性进行明确划分。我们应该在适应性潜意识里形成真实的感觉并认可这些感觉，即使我们不能完全解释它们。

分析原因总是坏事吗

我还告诉那位记者，分析原因的危险性也存在一些例外情况，这是根据我们对"分析原因为何具有危害性"的解释而得出的结论。正如我们所看到的，人们经常因为他们想到的原因与之前的感觉不太相符而改变自己的感觉；而对于那些对其所分析的主题颇有见解的人而言，结果却未必如此。例如，在艺术海报这项研究中，在中学或大学时修过艺术课程的学生对艺术了解得更多，更倾向于列出与自己之前感觉相匹配的原因。因此，列举原因并不会引起他们态度的变化。而对于不懂艺术的被试而言，则可能回忆起与其最初的感觉相冲突的原因，导致他们修改有关其感觉的叙事。与本杰明·富兰克林的预测相反，在我们的研究中，具有艺术学习背景的被试分析原因后似乎毫无收益。所以，与没有艺术学习背景的被试相比，艺术专业出身的被试更不喜欢自己所选的海报，但也不会更喜欢自己所选的海报。

当然，你可能会认为，我们还未公平测试富兰克林建议的内省法。因为富兰克林建议人们"在三到四天时间的考虑中"写下某件事的利弊，而在我们的研究中，被试每次通常只有 10 分钟左右的时间来写原因。人们是否可以通过较长时间的自我分析，从而更好地解读自己的感觉呢？为了弄清真相，我和多洛雷斯·卡夫邀请上次有恋爱关系的大学生被试重回实验室分析原因，此次实验每周一次，共持续了 4 周。研究结果显示，大多数被试的态度改变发生在第一次分析原因时（正如前面所述）；而再次回到实验室分析原因时，他们常常会坚持这个新态度。所以，一再分析原因似乎并无益处；相反，人们会想到与其先前态度相冲突的原因，并改变态度来匹配这些原因，之后会坚持新的态度。

当然，不管分析原因的时间是长还是短，人们都有可能从中受益。但我认为，如果对所分析的主题不太在行，那么至少在我们的研究中，被试最好不要单独去不断思考自己为何会有那样的感觉。

识别自己的直觉

假设你的适应性潜意识对某人或某物产生了感觉，而且，你也没有采用上述内省法来试图做出准确解释为何你与别人会有同样的感觉方式，倘若你仍不能确定自己的感觉,该怎么办？有时人们可能对自己感觉的本质持错误的信念，尤其当其感觉与文化规范（"人们喜欢马匹"、"婚礼当天将是我一生中最快乐的时刻")、个人标准（"我对所有非洲裔美国人毫无偏见"）或意识理论（"我一定是爱上他了，因为他符合我心目中'白马王子'的标准"）相冲突时。是否有一种内省能使你了解到错误信念下隐藏的感觉呢？

内省不是通往密室大门的必经之路，人们也未能据此直接探触自己之前看不见的东西。但通过让感觉浮现，我们就可冲破自己理论与期望的雾霭来认知它。

最近，奥利弗·舒尔特海斯和约阿希姆·布伦斯坦的一项研究为人们指出了一条实现此种内省的途径。他们运用第四章中所描述的主题统觉测验对人们的内隐动机进行测试，即被试根据一组标准图片编造故事，用来表达其动机，例如对亲和性与权力的需求。然后研究者告诉被试，他们将要扮演心理咨询师的角色，运用引导性方法对需咨询的被试进行咨询。由于实验要求扮演咨询师的研究人员发挥引导性作用并控制情境，将重点放在帮助需咨询的被试的方式上，结果发现，对权力和亲和性有强烈需求的被试尤其会做出积极的回应。

问题在于，这种情况是否适合他们的内隐动机，人们何以得知？当研究者向被试简要描述咨询情况然后询问其感觉时，得出的答案却是否定的。与发现人们并未意识到自己内隐动机的很多研究相一致，对亲和性和权力有强烈需求的人也并不期望咨询活动会令他们感觉更快乐或比其他被试更愿参与其中。

然而，在另一种情况下，被试首先进行了目标想象的程序，即聆听一盘详细描述咨询环节的录音磁带，然后想象自己在那种情境下的感觉。而在这种环境中，那些对亲和性和权力有强烈需求的人们，更可能认识到自己会享受咨询过程，他们陈述说，在那种情境下自己会感觉更快乐并比其他被试更有参与感。

因此，聆听详细的、具有画面感的描述，足以触发人们内隐动机所产生的感觉，使人们重视它们并以此来预测自己在真实情境中的感觉。我不想称之为通常意义上的内省，因为人们并未打开通往密室的大门，来了解自己之前没有意识到的感觉。相反，他们可以假想并真实体验到未来情境中的感觉，同时避免我们所研究的这种内省（分析原因），因为这有可能会模糊他们的真实感觉。

在日常生活中，人们如何利用好这种方法还有待观察。但至少能给人们提供建议：如果人们花时间详细想象未来情境（例如，"如果我的管家冲进来告诉我，阿尔贝蒂娜已弃我而去，我会有何感想？"），他们就能更好地识别其适应性潜意识所产生的感觉，并洞穿原因分析、文化规范或意识理论的迷雾。由此，他们便可获取更好的信息，而这些信息建立在他们对自己感觉和反应的叙事基础之上。

第三节　通过内省找回自我

到目前为止，我们所提到的关于内省的研究，旨在解决对人们非常重要的话题，诸如恋爱关系维持至今的原因，但一般都不是令人苦恼的话题（大多数被试都对其恋爱关系相当满意）。或许，人们更善于内省自己在生活中做的错事。我们有许多方法可以内省一个人痛苦的根源，然而，一些方法可能比其他方法更管用。

内省痛苦

内省痛苦的方法之一就是，反复思考同一问题，苏珊·诺伦-霍克西玛（Susan Nolen-Hoeksema）将此定义为反复思考自己的感觉及其原因。她发现在众多研究中，沉思会导致消极、自我挫败的思维模式，尤其当人们抑郁或心情不好时，情况会变得更糟。沉思的人极不善于解决令自己痛苦的问题，只会沉湎于过去的消极方面，以更加自我挫败的方式来解释其行为，并为自己预测了一个更加消极的未来。

例如，在一项研究中，被试是一些中度抑郁或非抑郁的大学生。我们要求他们在沉思情境下，用 8 分钟的时间来思考自己的情绪与特质，即设法了解自己的感觉、感觉的成因、性格及行为的成因。而在注意力不集中的情境下，大学生被试同样有 8 分钟的时间来思考与自己无关的单调乏味的话题，例如，"天空出现白云"、"小号的闪亮外表"等。研究人员会分别测量被试在沉思和注意力不集中情境下的情绪。研究结果显示，沉思使抑郁的被试更加抑郁，分散注意力却可以减轻其抑郁感。另外，沉思对于那些非抑郁的被试毫无影响。

当抑郁的学生沉思事物的消极方面时，他们的焦虑就像是一个过滤器，过滤掉了所有想法的积极面。与其他小组相比，例如那些进行沉思的非抑郁学生和没有进行沉思的抑郁学生，他们回想起了更多关于过去的消极记忆（例如，"每个人都通过了考试，唯独我没过"），并且感觉他们目前生活中的负面事件司空见惯，比如与朋友发生争执等。在另一项研究中，那些经常在抑郁时沉思的被试，一年后仍可能会抑郁，即使他们的抑郁在一开始就得到控制。总之，痛苦和沉思于痛苦是一个糟糕的组合，只会带来更多抑郁。

通过内省发现意义

设想你收到如下指示：

未来三天，我希望你能将自己对一个影响你自身和你的生活的极其重大的情绪问题的深层次想法和感觉记录下来。我希望你真正放空自己，并探索心灵最深处的情绪和想法。你或许会把自己的经历与你和他人的关系联系起来，包括父母、恋人、朋友或亲属；与你的过去、现在或未来；与你过去是什么样的人，你未来想成为的人或你现在是什么样的人。

詹姆斯·彭尼贝克（James Pennebaker）等研究者已将这份指示发给了成

百上千的人，包括大学生、社区居民、重刑犯、失业者以及准妈妈等。通常，大多数人会认真对待，写下关于自己的一些不幸事件，例如挚爱的离去、关系的终结、性侵犯或身体虐待等。毫无意外，人们发现记录此类事件会令人心烦意乱，并且写完之后，他们比控制组中写下表面性话题（例如对生活的计划）的被试更加痛苦。

　　然而，随着时间的流逝，人们却从记录中受益匪浅。与控制组被试相比，那些记录情绪体验的被试心情渐好，学业进步，缺勤次数减少，免疫系统功能大大提高，并且很少去看医生。虽然记录情绪体验在短期内是痛苦的，但从长期来看，会产生相当积极的影响。

　　为什么记录情绪体验（往往是痛苦的经历）比我们之前讨论的其他内省方式更有益呢？一种可能性就是，人们常常会掩藏或抑制其消极的情绪体验，并且，这些由不断抑制而引起的压力，会对其身心健康造成伤害。记录情绪体验的方法，为人们提供了一个宣泄的平台，使得他们有机会倾吐创伤性事件，消除由抑制引起的压力，从而改善其身心状态。虽然抑制可能导致压力，从而引发健康问题，但并无证据显示，在彭尼贝克的实验中，记录情绪体验是通过降低抑制而发挥作用的。例如，那些将与他人讨论过的事件记录下来的被试，与那些记录其秘密的被试，都获得了相同的效果。

　　确切地讲，记录情绪体验似乎是通过建构有意义的叙事并加以解释，来帮助人们了解负面事件。彭尼贝克对被试提供的数百页的记录进行分析后发现，改善最大的被试，都是从极不连贯、毫无条理的描述问题开始的，但最后却能写出连贯一致、清晰条理的故事来解释事件并赋予其意义。

　　为什么沉思有害，而彭尼贝克记录情绪体验的方法却有益呢？关键在于，人们常在抑郁时沉思，并且这种抑郁将其注意力集中在消极的想法和记忆上，令人们很难对这些事件建构出一种有意义的、适应性的叙事。沉思是一种反复的、螺旋式的思维，即人们无法停止以一种消极的角度思考问题，正如《红字》（*The Scarlet Letter*）中的丁梅斯代尔先生（Dimmesdale）："他还彻夜不眠地祈祷，一夜接着一夜，有时在一片漆黑之中，有时只伴着一盏昏灯，有时则在强光下对着镜子审视自己的脸。他就这样不断地内省，其实只是在自我折磨，丝毫得不到自我净化。"相比之下，在彭尼贝克的研究中，那些完全无抑郁的被试，通常会比较客观地看待问题并建构叙事，以帮助自身以更有适应性的方式来解释问题。实际上，彭尼贝克的方法对于遭受严重精神创伤的被试而言，效果并不明显，因为当过度悲伤时，人们往往难以客观地审视自己的情况。

建构有意义的叙事，也可以阻止人们试图抑制自己对沉重话题的想法。若非有连贯一致的解释，那些事件很可能会盘旋于脑海中，导致人们更深层次的沉思，或者使他们试图将那些想法赶出脑海。正如丹尼·韦格纳等人的研究发现，刻意抑制想法没有任何用处。短时间内，人们完全没有必要去考虑一些事情，但这些想法往往会涌上心头。而有些情况下，例如，当人们疲惫或是心事重重时，抑制想法会导致出乎意料的结果，使人们对无关紧要的话题产生更多的想法。所以，若事件得到解释并融入某人的生命叙事中，那它就不太可能涌入人们的脑海，也不可能引发人们去试图抑制它。

叙事隐喻有助于解释我们之前思考的所有日常内省的例子，而分析原因却将人们的关注点放在负面信息上，这类信息虽然很容易用言语表达，但对真实感觉可能毫无作用。因此，人们往往根据错误信息来建构有关其感觉的故事。沉思和抑制想法至少有两个弊端：一是人们难于建构新的叙事，因为他们一心关注于无法控制、不必要的想法；二是当人们能够建构新叙事时，他们往往会将注意力集中在消极的想法上。彭尼贝克的记录法，是我们目前所知惟一能令人们通过建构有意义的故事而产生积极作用的内省方法。

心理治疗：建构更好的叙事

精神病学专家安娜·费尔斯（Anna Fels）讲述了一个故事：一位老年患者来看病时，并没有常见的抑郁或焦虑症状，而是感觉难以面对即将来临的死亡。这位老人正处于癌症晚期，他认定困扰自己的不是死亡的念头，而是死亡本身的过程。因为他之前用来解释其生活的叙事已不再适用，所以他正努力建构新的故事来解释自己最后的生命。他说："我好像变了一个人，但是我不想无休止地谈论下去，尤其是与我的妻子在一起时，因为她也快受不了了。"

费尔斯医生请老人讲述他生病的故事，包括从诊断出癌症到现在所发生的一切。渐渐地，老人发现了自己最后挑战的意义与连贯性："老人的故事依旧继续着，而且在几次咨询后，我觉得我和老人都惊讶于他感觉自己好多了……我们做了什么？当然，肯定不是旨在洞察潜意识动机与愿望的传统精神疗法。我也没有进行与精神疗法同效的手把手的指导。应该是发生了其他事情。"

费尔斯描述说，一些正在发生的事情是，老人之前极其孤僻，也没有人可以倾听他谈论疾病，而老人能与她建立联系，是因为老人能对她开诚布公地谈论自己的新生活，这令她非常欣慰。用费尔斯的话来讲，他们的咨询"使老人找回了新的社会关系。"

我怀疑，还有其他因素必然和形成新的社会关系一样重要。通过与老人自由地谈论他与疾病之间的抗争，老人就可以建构一个连贯的叙事，从而对自己的新生活有更好的理解，如同在彭尼贝克的研究中那些记录创伤事件并从中获益的被试。我并非暗示精神疗法与彭尼贝克的记录方法可以互换。有人建议人们连续 3 天，每次花 15 分钟写下一件对自己来说是创伤性的事件，并指出这是强化心理治疗法（intensive psychotherapy）的代替方法。这种建议是荒谬的，因为强化心理治疗法要求人们花费数月或数年的时间，在经过培训的治疗师的帮助下探索他们的问题。首先，精神治疗是一种需要倾注情感的社会经历，需要考虑到费尔斯所讨论的各种社会关系。尽管如此，精神疗法和记录法还是有一个很重要的共性，即通过运用这两种方法，人们都可以建构关于自身的新叙事，而且新的叙事还将比之前的叙事带来更多益处。

精神疗法通过改变人们的叙事而发生作用，我们将支撑此观点的论据简要概括如下：第一，精神疗法在控制良好的研究中是有益的，但精神疗法的确切形式却无多大作用。这一观点甚至适用于其他疗法，在如何治疗心理问题上，不同疗法持有在根本上相冲突的观点，比如心理动力学疗法（psychodynamic therapy）[1]（其研究重点是童年记忆、潜意识思维和感觉以及洞察力）和行为治疗[2]（其研究重点是当下行为及行为的维持方式）。例如，在一项抑郁症治疗的经典实验中，布鲁斯·斯隆（Bruce Sloane）等人发现，心理动力疗法与行为治疗一样有效（两者都优于控制试验组）。

第二，各学派治疗师都为其患者提供了新叙事，来解释他们的问题。斯隆研究中的一个重要发现是，心理动力疗法和行为治疗针对患者心理问题的成因都提供了相同数量的解释（即使是完全不同的解释）。最后，在治疗中，采纳过治疗师提供的建议和解释的患者，往往会得到明显改善。

简而言之，心理治疗似乎是一个有益的过程，患者可以采用比之前更有益的新叙事，就像费尔斯的病人最终发现自己与癌症作斗争的意义一样。当然，对自己生命叙事的大幅修订是一段艰难的旅程，需要有技艺精湛的治疗师的指引。故而，如果想改善自我，只采用一个真实的故事是远远不够的，我们还需要大量有益的叙事。

我们有何依据来证明某种自我叙事比另一种更有益呢？我相信，从单纯意义上讲，自我叙事应该都非常准确：它们应该抓住人们无意识的目标、感觉与性情的本质。但是，人们如何建构与其适应性潜意识相一致的叙事呢？他们应该运用何种信息呢？

———————————

① 心理动力学认为，人的心理与行为是积极的、能动的心理能量相互作用的结果；强调人的精神生活是不断发展和变化的，其基本动能来自人的各种需要和内驱力。因此，在对精神病患者进行心理治疗时，强调要深入了解病人的动机、需要、欲望及帮助病人用一种前进的力量去对抗倒退的倾向，及要求治疗者像双亲一样对其进行照料的倾向。（引自朱智贤主编的《心理学大词典》，北京师范大学出版社，1989 年 10 月第 1 版，p762。）——译者注

② 是依据条件反射说和社会学习理论改正人们不良行为的一种技术。一般采取正负强化的奖惩方式进行训练。如通过点击等不良刺激建立条件反射，使其产生条件性的回避反应，通过奖励或惩罚措施强化或消退某种行为。（引自朱智贤主编的《心理学大词典》，北京师范大学出版社，1989 年 10 月第 1 版，p787。）——译者注

第九章
从外部审视自我

　　我的朋友麦克坚称自己很害羞，这令所有认识他的人都感到吃惊。他看起来很容易相处，因此他总有很多朋友。外出旅行时，他总能轻松地和其他旅客搭讪。他的故事讲得很棒，聚会时总喜欢给人们讲他童年在新泽西的故事。显然，麦克拥有超强的人际交往能力，但他为什么会认为自己很害羞呢？原来，麦克小时候是一个非常内向的孩子，虽然长大后变得异常外向，但他却没有放弃对自我的"内向"界定。如果他能参考朋友们的意见审视自己，他将会发现，自己其实一点也不害羞。

啊，但愿上天给我们一种本领

能像别人那样把自己看得更清

那将会免去许多蠢事情

也不会胡思乱猜

　　　　　　——罗伯特·彭斯（Robert Burns）《致虱子》（*To a Louse*）

　　人们如何知道要讲什么样的故事？"内部信息"也许不是自传的惟一素材，因为人们同样可以使用各种各样的外部信息，在一些情况下，外部信息可能要优于人们从内省中了解到的东西。

第一节　学习心理学，了解自我

　　很多人通过学习医学知识来了解自己的身体健康状况，例如，抽烟、饱和脂肪以及紫外线有害身体健康。因为我们无法直接观察肺和心血管系统是如何工作的，所以只能从外部信息源中得知一些事情，例如，抽烟如何危害我们的身体健康。我认为，在心理学领域也是如此。人们可以通过阅读心理学研究报告来了解自己。

一项研究涉及大样本被试的平常反应，根据这一报告对自身作出预测将是一个相当大的飞跃，尤其当这个被试群体在一些重要方面与我们不相同时。因为我们中许多人并不认为自己是"普通人"。同样的问题发生在我们阅读医学研究报告时。我们不能确定自己对抽烟或饱和脂肪的反应方式，与在挪威实施的研究中的普通被试是否相同，实际上，人们可能更愿意相信自己的反应方式不同于"普通人"。然而，在众多医学和心理学研究中，由于个体差异相对较小，所以研究结果适用于绝大多数人。但在某些情况下，个体差异相对较大，例如，有些人一辈子都在吸烟却没有得癌症，而有些吸烟者早年就得了癌症。但即便如此，从随机性意义来看，普通人的反应还是有参考价值的。我们不能肯定地说抽烟就一定会得癌症，但是我们知道抽烟会增加得癌症的几率。

同样，通过阅读心理学研究报告，即使它描述的只是普通人的反应，我们依然可以了解到很多东西。我将给大家举两个不同的例子：人们受广告影响的程度以及人们是否对少数族裔怀有偏见。

你是否受到广告的影响

假设我们引进一种新型电视广播，正如我们所知，它可以屏蔽任何广告。是的，这是事实，你可以不受任何干扰地看你喜欢的电视节目。这听起来是个好消息。但事实上，广告仍然以下意识呈现信息的形式存在着。图片和口号，例如，政治候选人的图片以及"投票给宾克利（Binkley）"的信息飞速地闪过，以至于你的意识都来不及注意到。

若觉察到广告发生的显著改变，势必会引起一番争议，所以广播电视网提供给你两种选择：一种是按下遥控器的按钮，选择用传统的方式观看节目，有规律地大约15分钟插播一次广告；另一种是用新的、未来的方式，即所有的广告都是潜意识播放的。你会选择收看哪种类型的广告呢？

当我向大学生提出这个问题后，74%的大学生坦言他们更喜欢传统的广告。一种典型的回答就是"我想知道自己的选择，而不是由别人替我做出选择。"这个回答听起来很有道理。为什么我们要让广告闯入自己的脑海中，并以我们无法控制的方式影响自己，而自己甚至不知道早已被其影响了呢？这听起来就像是奥威尔式（Orwellian）的噩梦成为了现实。

有趣的是，人们的目标是避免广告对自己的控制，然而他们却恰恰做出了错误选择。大量证据表明，当潜意识呈现的信息用于广告宣传时，它对消费者的行为或态度影响甚微，而日常的普通广告对其影响则极大。

但是，消费者如何得知这些呢？很明显，他们并不知道自己是否受到了下意识呈现的广告的影响，因为他们甚至不知道自己什么时候看到过；况且，人们也很难了解每天在电视及平面媒体上的广告对自己的影响程度，虽然我已经讨论过所有的原因。通过简单的内省，人们并不能发现泰诺（Tylenol）广告对其下一次的购物会形成多大的影响，正如他们通过内省不能轻易地判断抽烟是否会致癌一样。这很可能是因为他们受到的影响超乎其想象。

那么，我们能从心理学研究报告中了解到什么？电影中的潜在台词并不会促使人们在小卖部前排队，自助磁带中下意识出现的信息也不会（很不幸！）帮助我们戒烟或减肥。同样，也没有任何证据表明，在蛋糕糖衣上画上色情图片会增加销售量，尽管民间流传着这样的说法。

这并不是说下意识呈现的信息不会产生影响——仅仅是因为在日常广告中的效果不明显。在精心控制的实验室条件下，下意识呈现出的信息对人们的情绪和判断产生了微妙的影响。我们曾在第二章约翰·巴奇和葆拉·彼得罗莫纳科的研究中举过这样一个例子。研究者在电脑屏幕上闪现了一些在潜意识层面上与某些人格特质有关的词语，随后发现人们会用这些特质来解释他人的行为。例如，当"不友善"、"无礼"和"刻薄"这些词语闪现时，比起没有闪现这些词语的情况——即使人们没有意识到自己看到过这个词语，人们也更可能倾向于从负面解释他人的行为。的确，这项研究证明，适应性潜意识能够引导人们对心灵世界进行诠释。

然而在日常生活中，实践证明我们很难通过影响消费者行为的方式来复制这些实验效果，因为在实验室获得潜意识影响的必要条件很难复制到广告中去。譬如，房间的照明必须完全合适，人们必须坐在离屏幕距离适中的地方，并且没有别的其他事物可以转移他们的注意力。我从未发现任何受到良好控制的研究，通过在日常广告或录音磁带中植入以下意识方式呈现的信息从而成功影响人们的行为，尽管很多研究都有过这方面的尝试。

或许聪明的广告商会找到一条途径，令下意识呈现的广告发挥作用。然而，即使他们找到了，这类广告对意识产生的影响也不可能与日常广告相媲美。虽然人们对电视上、广播里以及其他平面媒体上的所有广告都持不屑的态度，但这些广告仍然能以强有力的方式影响他们的行为。也许，采用分股电缆进行的市场调研就是最好的例证。有线电视公司和商店的合作广告商，向随机挑选的有线电视用户群体展示不同版本的商业广告。用户们同意在购物时使用特殊的标识卡，并且允许商店记录他们购买了什么。因此，广告商最终就可以知道，看过某种商业广告的人们在现实中是否更有可能购买广告产品，而答案是，他们经常这样。

比起日常广告（往往有强大的影响力），人们更害怕下意识呈现的广告（没有影响力），因为他们担心自己会潜移默化地受到影响。但具有讽刺意味的是，日常重复播放的广告更可能不知不觉地影响我们的选择。这与到药店买药不同，因为买药时我们可能会思考："我是买自有品牌的药呢，还是买 Advil①呢？嗯，如果诺兰·瑞恩（Nolan Ryan）觉得 Advil 相当有效果，那这药对我也管用……"相反，我们可能会选择更令人放心或更熟悉的品牌，而根本不会意识到我们为什么会有这样的感觉。所以，我们会为一些与自有品牌毫无差别的产品支付额外的钱。也没有一个青少年会说："我应该开始抽烟了，因为我想跟广告牌上看到的万宝路牛仔一样。"相反，青少年会把抽烟与独立、叛逆联系在一起，而且

① 一种镇痛药，在对抗韧带撕裂、断裂时有很好的镇痛效果。——译者注

并没有意识到，正是广告帮助他们建立了这种联系。即使当我们有意识地看到或听到诸如广告语之类的话语时，也不会觉察到广告影响我们的方式。

我并不是要把人描绘成麻木地追随麦迪逊大街（Madison Avenue）①广告的机器人。然而，未能意识到广告的影响反而会使我们更容易受其影响，因为我们可能会在看广告的时候放松警惕，或不能完全避开它们。结果就是，我们总会有意无意地受到广告的影响，而自己还意识不到。我与南希·布莱克（Nancy Brekke）将此称为"精神污染"，因为我们的大脑在不知不觉中被信息所污染，而我们则希望这些信息没有影响到我们。

大量研究发现，广告总是以不易察觉的方式影响着人们，考虑到这一点，我们可能会接受"它会对我们产生同样效果"这一假设。广告中蕴含着大量有用的心理学知识，通过认真思考这些广告或许可以洞悉内心，从而做出更明智的决定。例如，我们是否更应该为（加入饮料中的）小方冰块（ice cube）或每天的止痛药电视广告中的"性"一词而感到担忧。如果我们需要在看下意识呈现的广告与传统广告中做出选择，我们也能知道应该按哪个按钮来启动遥控器。

你是种族主义者吗

在过去的几十年里，美国通过采取一些措施使种族偏见行为明显减少。早在 1945 年，很多州政府及地方政府就颁布法律剥夺了非裔美国人的基本自由，诸如和谁结婚、在哪里居住以及他们的孩子去哪儿上学等。直到 1954 年最高法院禁止学校内的种族隔离，以及 1964 年通过联邦民权法案（Civil Rights Act）后，1945 年颁布的那些法律才得以修改。在民意调查中，美国人的舆论在同一时期也有所改善。1942 年，只有 2% 的南方人和 40% 的北方人认为，黑人和白人应该就读于同一所学校；然而到 1970 年时，这个比例已经分别上升到 40% 和 83%。1997 年的盖洛普（Gallup）民意测验中，有 93% 的白人认为他们会给合格

---

① 地处纽约，是美国的广告业中心。——译者注

的黑人总统候选人投票，有 61%的白人认可异族通婚，相比而言，在 1958 年这两个数据分别仅为 35%和 4%。

尽管上述数据令人振奋，但依然掩盖不了"在美国以及世界其他一些地方依然存在种族偏见"这一事实。1989 年，研究人员进行了一项发人深省的研究，即调查美国在住房中是否依然存在种族歧视。在全国 20 个地方，研究组成员和房产中介见面后，咨询了有关购买或租赁房子和公寓的事宜。研究组成员尽可能如实地描述自己的情况，但却没有谈论自己的种族——他们有些是白人，有些是黑人，还有一些是西班牙裔美国人。然而结果不容乐观，很多中介会歧视非美裔客户。这些中介为非美裔客户提供的选择要比美国白人少得多，而且咨询过后也不太可能打电话对客户进行反馈。遭遇歧视的非美裔客户比例与十二年前进行的一项类似研究相差无几，这表明在此期间住房歧视很少或几乎没有降低。

我们不难发现其他偏见持续存在的迹象。由种族歧视导致的仇恨犯罪极为常见，例如 1998 年德克萨斯州发生的一起残忍的谋杀案，詹姆士·白伊德（James Byrd）被人用绳索拴在小型货车后活活拖死，仅仅因为他是黑人。1999 年，阿莫多·迪亚洛（Amadou Diallo）掏钱包时被四位白人警察误认为是一宗强奸案的嫌疑人而开枪射杀 41 次。很多人都确信，迪亚洛不过是警察枪下的替死鬼。尽管这样的惨剧极为罕见，但黑人依然遭受着各种各样的歧视。1997 年盖洛普民意测验报告称，大约有一半的非裔美国人在接受测验的 30 天中，例如在购物、外出就餐或工作时，就曾遭遇过种族歧视。

一方面，美国人对其他种族的偏见程度大大减少；另一方面，依然会发生一些种族歧视事件，我们应该如何解决二者的矛盾呢？美国人对其他种族的偏见达到何种程度？以何种形式呈现出来？一种可能是，人们的偏见程度一如既往，只是被隐藏起来，因为这种公然的歧视越来越遭到文化的抵制。虽然事实迹象不明显，但足以表明文化规范的改变是人类进步的一种象征。而且，这种改变远超乎人们的想象。例如，在 1992 年，选择与不同种族通婚的美国人比例比 1960 年高出 6 倍多。另一种可能是，对其他种族持有偏见的美国人数量已经减少，但考虑到仍存在仇恨犯罪、住房歧视和就业歧视等事件，所以怀有种族偏见的人仍占很大比例。

然而，大量的社会心理学研究给出了另一种可能：同一个人既可能怀有偏见，又可能没有偏见。一些研究者辩称，很多人痛恨偏见和歧视并在意识层面上尽其所能地采取平等主义态度，这种情况或许比美国历史上任何一个时期都更乐观。然而，在一个更为潜意识的、自动化的层面上，很多这样的人已经在不知不觉中采取了依然充斥于美国文化的种族主义观点。

由于媒体经常发布关于种族主义的观点或言论，或者受到生活榜样（比如父母）的影响，所以我们的适应性潜意识可能已学会以带有偏见的方式做出反应。一些人学会了在意识层面拒绝这样的态度，并且平等主义观点已成为他们自我描述的核心部分。当他们对自己的行为进行监测与控制时，他们会依据自己有意识、非偏见的观点去行事；反之，则会基于自己适应性潜意识中的种族主义特质来行事。

例如在一项研究中，白人大学生陈述了他们对非裔美国人和白人被试的看法。同时，研究者在访谈中还对被试出现的各种非言语的不自在反应进行了测量（例如，这些学生与每位被试眼神接触的次数）。这些白人大学生的意识信念预测了他们的偏见程度。偏见程度较低的学生认为，自己对黑人被试与白人被试一视同仁。然而，他们的非言语反应却并非如此。研究证明，他们在访谈中的不自在反应（例如，眼神接触的次数、眨眼的频率）与其意识信念并无关联，但却能预测他们内隐的、无意识的偏见（更注重在短时间内的测量）。在无意识层面，那些心怀偏见的人对黑人被试表现出更多的消极非言语行为，即使他们在意识层面上没有一丝偏见。

这项研究可能会让我们明白一些事实。如果我们对非裔美国人、西班牙裔人、亚洲人、白人、女人、男人、女同性恋者、男同性恋者、扶轮社（Rotary Club）会员等不同群体的成员怀有偏见，我们如何才能知道这一点呢？也许我们在意识层面对这些群体并无偏见，若非有社会心理学对这一主题的研究，我们也会认为这就是事实全部。但通过研究，我们至少会考虑一种可能性，即我们对一些群体中的成员存在无意识的、习惯性的偏见，但我们却完全没有意识到。

我们如何绕过人们的意识信念和欲望，从而测量他们的内隐偏见程度？大多数技术依靠计算机演示，将人们对单词和图片做出反应的时间进行计时。从某个角度讲，被试认为他们正在参与一项"关于他们能否同时做好两件不同的事"的研究，即在熟记面孔的同时还要对单词的意思做出反应。一张面部照片只有三分之一秒的时间闪现在电脑屏幕上，速度非常快，但足以让人们有意识地看到。面部照片之后紧跟着一个形容词。这项研究要求人们首先熟记面孔，然后，如果这个形容词是褒义词（例如"可爱的"、"奇妙的"）就按一个按钮，如果这个词是贬义词（例如"讨厌的"、"令人厌恶的"）就按另外一个按钮。

巧的是，单词前闪过的一些图片中，有些是白人，有些是黑人。假设人们在潜意识层面带有种族偏见，那么某一种族的面孔就会引发他们的情感反应，而这些情感反应会影响他们对单词的反应速度。例如，如果人们对黑人的脸部图片产生消极反应，当一个消极词语出现时，他们更容易按下"差"的按键，因为已经存在的消极感会促使他们更快地做出反应。同理，当积极词语出现时，因为考虑到消极感与词语的意义不符，所以这种消极感会使人们花更长时间来按下"好"的按键。当闪现白人的面部照片时，应该会导致相反的结果模式：因为白人的脸引发了积极的感觉，人们应该相对迅速地对积极词语做出反应，而对于消极词语则会相对较慢地做出反应。另外，如果人们没有偏见，那么这一种族的面孔就不会影响他们对词语的反应速度。

由于该项任务的进行速度非常快，所以人们不能有意识地控制自己的反应。对于这些被试而言，他们没有足够的时间来说："噢，那是一张黑人的脸，尽管对它有些消极感觉，但我应该对刚刚出现的积极词语快速地做出反应。"而且，被试并不知道这项任务与他们的态度或刻板印象①有关，他们认为这是一项关于同时做两件事情的效果测试。通过观察人们对这些词语的反应速度，并结合先前那些种族的脸部照片，研究者就能够对人们拥有的无意识的、习惯性的偏见模式进行评估。

　　但是，在心理学实验室进行的这项控制实验真的可以动摇人们对其他群体成员的固有态度吗？换言之，该项实验中被试的反应能否预测出一些有趣的东西，要试过才知道。事实上，他们果真这么做了。该项研究对被试在非言语方面的不自在反应进行了评测，同时采用类似方法对其无意识偏见进行了测量，其他研究同样也发现，被试在计算机任务中的反应，能预测出人们在对待不同种族时的举动。在一项研究中，在计算机任务中做出偏见反应的被试更可能倾向于避免与黑人学生的身体进行接触，例如，当轮到黑人学生使用钢笔时，这些被试不会将钢笔直接放到黑人学生手里，而是将钢笔放在桌子上。

　　那么，对无意识偏见的测量是否可以预测出比眨眼和钢笔传递更重要的行为呢？基思·佩恩（Keith Payne）的一项耐人寻味的研究告诉我们，答案是很肯定的。被试在电脑屏幕上看到了一张白人或黑人的面部照片，而这张照片只闪现了五分之一秒。然后，出现了一张手工工具图（比如一把钳子）或者手枪的照片，并且人们只有半秒钟的时间，通过按下标有"工具"或"枪支"的按钮，来指出它是哪种物体。因为人们必须要在很短的时间内做出反应，所以他们往往会因失误而按错键。

　　在实验中，有趣的问题是：人们（白人大学生）究竟犯了哪些错误，以及这些错误是否受到之前放映的面部照片的影响。佩恩提出一种假设，即很多人会自动地将黑人与暴力关联起来，所以在黑人面部图片之后出现工具图片时，他们更易于把工具误认为是武器。而这正是实际上所发生的事。与在白人面部图片之后

_____

① 是指个人受社会影响而对某些特定类型的人、事、物的一种概括的看法。——译者注

看到工具图片相比,被试在黑人面部图片之后看到工具图片时,更有可能按下"武器"按钮。对白人大学生的种族偏见程度进行的标准化的纸笔测量,并不能预测他们犯错误的程度,因为这只是人们并没有觉察到的自动化关联。

当然,这只是一个实验室研究,在这项研究中,被试只需要坐在电脑前按下按钮来对面部照片和虚拟人而非现实人做出反应。然而,在阿莫多·迪亚洛案中,类似的调查结果同样发人深省。当警察看到迪亚洛从口袋里向外掏钱包时,他们同佩恩研究中的被试的反应时间几乎一样,很快就闪现出一个可怕的想法:迪亚洛要掏枪吗?不幸的是,他们认为迪亚洛有枪,而实际上迪亚洛身上并没有武器。如果迪亚洛是白人,警察是否会做出截然相反的决定,我们不得而知。然而,佩恩的研究表明,正因为受害者是黑人,所以警察才会有这种错误认识。

很重要的一点就是,警察必须极其迅速地采取行动。他们不大可能站在一旁思考:"嗯,让我想想,他是黑人,所以他可能有武器。"他们根本没有时间多想,至少不会有意识地这么做。实际上,警察在意识层面很可能完全持有平等主义和非种族主义信念,如果他们有时间思考就不会受迪亚洛的种族影响。大量研究发现,这是因为人们适应性潜意识中的无意识态度与他们的意识信念是分离的。那些认为他或她完全持有平等主义观点的人们,或许会对少数族裔作出更深层的、无意识的、极其消极的反应。

对于无意识偏见的研究还处在初级阶段,我们需要发现更多关于"如何更好测量无意识偏见"以及"无意识偏见能够预测什么"的东西。尽管从自我认知观点的角度来看,这项研究可能会使我们产生疑问,但它或许会更好地控制我们的信念和行为。事实上,我们也许根本不需要去推断,这些研究发现能否像被广泛运用的无意识偏见一样适用于我们自身。我们可能在互联网上运用过这些测量中的某个版本进行测量,还获得了一个分数,据称,这个分数反映了无意识偏见的程度。显而易见,为了充分理解这些测量究竟能够测出什么,我们还需要更多研究。"人们在意识层面可能毫无偏见而在适应性潜意识内并非如此"这一观点并非全无道理，尽管如此，我们至少应该质疑这一观点的真实性。

在无意识偏见及其他态度的个体测量不断完善并被广泛应用之前，问题依然是，人们如何能够更深入地了解自己的特有感觉和特质，这不仅仅是被试在研究过程中所表现出的共性。那么，"自我洞察"的其他形式，是否可以更直接地告诉我们关于自身的无意识欲望和动机呢？

第二节　借助他人来了解自我

我的朋友麦克（Mike）坚称自己很害羞，这令所有认识他的人都感到吃惊。他看起来很容易相处，因此他总有很多朋友。外出旅行时，他总能轻松地和其他旅客搭讪。他的故事讲得很棒，聚会时总喜欢给人们讲他童年在新泽西的故事。他还是一位有魅力的大学老师，总能轻松自若地在数百名学生面前讲课。

显然，麦克拥有超强的人际交往能力，但他为什么会认为自己很害羞呢？可能与其他人在一起时他会感到焦虑，尽管他在社交场合中看上去轻松自如。麦克的朋友猜不透他的内心，他们不了解麦克在做演讲时是否会感到紧张或冒汗，也不清楚他在聚会时是否会强迫自己要外向或合群，即使麦克心里其实更愿在家看书。

事实上，麦克的朋友不太可能比麦克更了解自己的害羞，因为人们往往善于掩饰自己的社交焦虑[①]。然而，如果你问麦克，他会很坦率地讲，当讲课或在聚会中讲故事时，他并不会感到特别焦虑，而是真的很享受一大群人围在自己

---

① 又叫社交恐惧症，是恐惧症的一种亚型。常无明显诱因突然起病，中心症状是害怕在小团体中被人审视，一旦发现别人注意自己就不自然，不敢抬头、不敢与人对视，甚至觉得无地自容，也不敢在公共场合演讲，集会时更不敢坐在前面，故回避社交，在极端情形下可导致社会隔离。——译者注

身边的感觉。那么，他为什么认定自己是个害羞的人呢？

从麦克的话中得知，他小时候是个性格内向的孩子。当大多数同学在操场上奔跑玩耍、大喊大叫时，他却独自一人待在一旁，用树枝在地上画画。他没有太多的朋友，只有一个最好的伙伴。他喜欢自己玩，例如写作和电脑游戏，但总是逃避社交活动，例如集体运动。

上大学后，麦克才慢慢走出内向。从高中开始，他便有了广泛的朋友圈，并开始选修戏剧课程。随着年龄的增长，孩子变得外向的例子并不鲜见，例如，五到六成的大学生认为自己在八到十四岁期间很害羞，而之后就不再害羞了。而这一切也发生在麦克的身上，除了一件事情：他从未改变他很害羞这一自我理论[①]。有这样一个案例，一个已经变得很外向的人，他有一套关于自己性格的自我理论（"我很害羞，也很内向"），而这套理论与他的适应性潜意识相悖。

或许我们都可以想到类似的情况：我们与朋友对他（或她）自己的感受、动机或人格特质的看法不一致，却坚定地认为我们才是正确的；父母可能会感觉女儿太轻易地放弃了自己，其实她比想象中更具有数学天赋；我们中的多数人都认为我们的朋友苏珊并不爱她的伴侣斯蒂芬，即使她笃信她是爱他的。在上面的每一个例子中，人们都认为自己是那样的或是具有某种特质（例如，"我很害羞"、"我爱斯蒂芬"），但是了解他们的人却不这么认为。至少在上述的几个例子中，放弃他们的自我理论并接受他人对自己的看法或许才是明智的，就像在《淘气阿丹》（*Dennis the Menace*）这部连环画中，阿丹问他的妈妈："妈妈，我看上去到底想要做什么呢？"

乔治·库利（George Cooley）把自我认知的这种形式称为"镜中我"，我们从别人的眼中看到自我的映像，即他们如何看待我们的特质、偏好和行

---

① 自我是人把自己与周围环境区分开来的产物，把自己看成是其心身活动的主体，把自己的过去、现在和未来统一起来，把我和非我区分开来。（引自朱智贤主编的《心理学大词典》，北京师范大学出版社，1989年10月第1版，p994。）——译者注

为，而且我们经常采用这种映像作为自我概念的一部分。这种方法的优点在于，它避开了我们在内省时看到的许多陷阱——我们无需任何特殊途径去了解我们的感受与特质，它是达成共识的自我认知，即采纳多数人对我们的看法。

然而，我们很难意识到人们对自己的认知与自我认知不同，也很难承认他们对而自己错。特别当他人不赞同我们对自我的高度评价时，我们是否应该把自我认知建立在别人的看法上，这一点还不得可知。

如何更好地解读他人眼中的自己

人们相当准确地了解他人对自己特质的看法（例如，自己多么善于交际、多么智慧或是多么能干），以及他人对自己的喜欢程度。但这个准确性多半反映出这样一个事实：我们将自己的自我理论投射到他人身上，而且这并不是因为我们擅长解读他人对自己的真实看法。想象一下，假设莎拉认为自己非常聪明，并且前提是其他人也这样认为，那么，莎拉根本不需要观察自己在他人眼中的映像——她非常了解自己的反馈评价（reflect appraisals）①，而原因就是其他人也赞同她的自我理论。

但是当人们的自我理论与反馈评价不一致时，正如之前麦克的案例，会发生什么呢？为了从他人那里了解对自己的看法，我们必须首先认识到这种不一致，然后通过观察及倾听他人来确定他们对自己的真实看法。大量研究显示这是相当困难的。尤其当他人对我们存有负面印象时，他们往往会将此隐瞒。当我们告诉一位很好的同事，她对服装的品位极差或是她的新发型令她看起来老了 10 岁，会有什么好处呢？如果人们总是对朋友讲出内心对他们的真实想法，那么他们的朋友就会越来越少。

即使我们知道了别人对自己的真实看法，也很难正视这些看法。如果鲍勃（Bob）认为自己是一位优秀的故事讲述者，他可能会忽视或曲解其他人的看法，

---

① 个体想象或推断他人对自己的评价。——译者注

因为他们并不这样认为。当读懂了他人的话时，这尤其会威胁到积极的自我理论。例如，当鲍勃讲他菜园子的故事时，面对苏（Sue）一直在看表这一事实，鲍勃可能会以乐观的心态来解释苏的行为（"尽管苏约会迟到了，但她还是不忍错过我这么精彩的故事。"），而不会对此感到不安。

我并不是暗示，我们完全不能看透别人对我们的看法。有时，我们被迫直面他人的观点，例如，当学生从老师那里获得分数，或是员工从老板那里得到绩效评估时。在日常生活中，我们很难确定他人对自己的看法，但有时候人们会设法看到至少一丝曙光。例如，在一项研究中，要求经历了六周基本训练的空军新兵评价他们自己及其他新兵的特质，并思考其他新兵对自己特质的看法。

人们在猜测"其他新兵战友认为其存在人格障碍（例如自恋、强迫症以及依赖症）到何种程度"上的准确性有多大，研究者对此特别感兴趣。在我们看来，问题的关键在于，人们控制自我认知后反馈评价的准确程度。例如，如果人们认为大多数同龄人觉得他们有依赖症，那事实果真如此吗？重要的是，研究者要从统计层面上消除人们自我认知中的这种关联，从而排除一种可能性，即人们简单地将反馈评价建立在自我认知基础上。正如之前提到的，人们往往会认为："嗯，我觉得我有依赖症，所以其他人或许也会这样认为。"通过控制被试的自我认知，研究者对独立于被试自我认知的评价的准确度进行了评测。

事实证明，至少在某种程度上，被试的确认识到了他人对自己的看法，即使他们并不是这样看待自己的。然而，准确度不是很理想，针对他人对自己的看法，被试的猜测与他人真实看法之间的平均相关度仅为 0.20（相关性 0 表示不准确，相关性 1 表示完全准确）。

我们如何提高评价自我的准确度？有这样一个办法：当明年十二月给朋友们寄送节日贺卡时，或许我们可以附带一份问卷，请他们详细描述对自己的真实看法，例如，他们是否喜欢我们，是否认为我们智慧、宽容、诚实、敏感、好动。为了确保结果的真实性，我们应该提供邮票和注明姓名地址的回邮信封，这样我们的朋友就可以以匿名的方式将问卷寄回。但是，当我们对结果进行汇总并据此调整自我认知后，我们真的会变得更好吗？

是否要用他人的观点来修正我们的自我理论

通常，运用他人的观点来修正我们的自我理论并不好，因为要了解朋友对我们的真实看法，可能会揭穿一些适应性幻觉（adaptive illusions）。那么，坚信人们比事实上还要喜欢我们，又会产生什么坏处？靠近消极方向（"好吧，我可能不是舞会中最受欢迎的人。"）修正自我理论，可能对我们在行为上进行自我改善或改变并不是特别有用，但会让我们更快乐。事实上，人们往往高估了他人对自己的看法。例如，多数人认为自己比一般人更受欢迎、更多才多艺、更有魅力、更智慧，当然不是每个人都是如此[除非是在盖瑞森·凯勒（Garrison Keillor）虚构的沃比根湖（Lake Wobegon），那里的小孩子比一般孩子都优秀。]。与有消极幻想的人们相比，有积极幻想的人患抑郁症的可能性更小，他们在艰难任务中也可能坚持更久并更容易取得成功。

然而，坚持幻想有风险，因为这些幻想有缺陷。一些人不愿相信，被爱的一方可能并不爱自己，所以依然整天死皮赖脸地围着对方转，这类人可能实现目标，也可能会在实际行为中受阻。拒绝相信自己不适合从医的人们，如果他们在医学预科课程上的表现继续差下去，很可能会经历很多痛苦。很多时候，密切关注他人对我们的看法并考虑据此修正自我认知对我们是有益的，即使这意味着采用一种更消极的观点看待我们。

当一个重大人生决定面临着极大风险时就会如此，例如是否继续从医（尽管化学多次不及格）。当然，人们不应该总听从他人对自己职业选择的意见。这里有一些成功的案例，尽管其他人普遍认为他们永远不会成功。例如，阿尔伯特·爱因斯坦（Albert Einstein）的学业开始并不顺利：16岁时，他未能通过一所工程院校的入学考试。但他再次申请，选择继续求学而不是放弃，最终他考上了那所大学。在工程学院里，没有人记得他的成绩；当1900年毕业时，他也没有获得任何工作机会。最后，他在瑞士伯尔尼的一家专利局得到了一个临时主管的职位。他在那里工作了7年，并利用业余时间完成了自己第一篇关于相对论的文章，终于在1905年时获得了苏黎世大学的博士学位。

然而，对于每位像爱因斯坦这样的人来说，很多人不顾他们领域内专家们的意见，浪费了数年的时间去追求并不适合自己的事业。而对于我们来说，听从专家对我们能力的鉴定是明智的，除非我们对一项事业充满热情，愿意承受挫折和失败。

当其他人与我们自己的意见有分歧时尤其是这样，这会带来另一种情况，在这种情况下我们至少应该考虑采纳他人的观点。我们对自己能力的看法比他人对我们能力的看法略微积极一些，尽管这并无什么大碍，但当分歧变大时，问题就会出现。

让我们来思考这样一个例子：人们会定期收到他人对自己能力的详细反馈，例如，大学教授在学期末会收到课程评估。与多数人一样，在我们系里，学生们必须通过几个维度对教授进行评估（例如，其整体教学效果），并详细评论他们对各个课程的看法。大多数教授对自己在课堂上的优点和缺点都非常了解，而课程评估是了解其他人（他们的学生）是否同意其看法的惟一机会。很明显，如果评估效果与教授自己的想法极不一致，那么反馈就会非常有用。如果琼斯教授（Professor Jones）认为自己才华横溢，整个学期学生上课都非常兴奋，而学生反馈上他的课是件十分痛苦的事情，那么很明显，琼斯需要改变他的自我理论和教学方法。这种差异尤其容易发生在新教师的身上，因为他们收到的对其能力看法的反馈并不多。

不过，经过多年教学后，大多数教授都会对自己教学的优缺点有一个非常深刻的认识。如果课程评估结果与教授对课程效果的积极想象相一致，那么这些评估结果或许是相当准确的，尽管存在过于倾向积极面这一嫌疑。在每个学期结束时，课程评估对教授都有何用处呢？如果教授开设了一门新课程或正在尝试一种新的教学方法，那么课程评估就会非常有用。可是，假如他们对自己的优缺点有深刻的认识，并继续设法改进，那么课程评估就不那么有用了。其实，如果教授上课时认为教室里的每个学生都非常喜欢听他讲课，这样的授课效果可能比一边垂头丧气地讲课、一边想着"有些学生会感觉这堂课很无聊"要好很多。

或者考虑一下这个例子。我 40 岁时加入了一个男子高级棒球协会，这个协会仅限于 30 岁及 30 岁以上的人参加。协会里有一些相当有天赋的选手，包括一些职业选手，或是大学时玩过棒球的人。遗憾的是，我们小组中没有这些人，大都是一些存在关节和肌肉功能障碍的高龄选手。

虽然我们获得成功的可能性微乎其微，但很显然，我的大多数队友还是有些高估了自己的能力。如果在我们小组内实施寄送节日贺卡的实验（前面提到过），我敢肯定，大多数人会惊讶地发现，队友们并不会像自己所认为的那样，认为自己是一名好球手。（我确信自己也不例外。）

定期自我反省，并互相探询对彼此能力的看法，这对我和我的队友来说有用吗？如果我们的自我理论有些不现实，以至于自己与教练总是意见不合，并质疑每场比赛的开球手或四分卫为什么不是自己，那么定期自我反省并互相探询对彼此能力的看法将会是有用的。然而，我们大多数人并非不清楚自己的技术水平（或缺乏对此的认识），而是坚持着我们比真实的自己更优秀的幻想。的确，如果我们所有人都了解自己的真实技术水平，我们可能会把球棒收起，然后回家。正是对人生的积极幻想，才使我们能在下场比赛中展示真实的自我。

虽然有时重大的人生决定利害攸关，而且在这些情况下积极幻想并非毫无危害，但如果我的一位队友深信他自己还可能参加职业比赛，并准备辞职前往协会选拔赛营地的话，那么，他应该去休息室对我们进行民意调查，看看那是否是一个好的职业选择。

在所有这些例子中，人们都会比其他人更积极地看待自己。尽管，人们对自己的看法往往有些夸大其词，有时又太消极，而这正是我们应该认真考虑采纳他人对我们看法的另一种情况。

凯瑟琳·德克斯（Katherine Dirks）是弗吉尼亚大学的本科生，2011年时获得了著名的马歇尔奖学金（Marshall Scholarship），并在牛津大学进修了两年。德克斯取得了非常优异的学业成绩。她是弗吉尼亚大学两项著名的本科生奖学金，即杰弗逊（Jefferson）和艾克斯（Echols）奖学金的获得者；她的各科成绩的平均学分绩点保持在3.9；她还是乌鸦协会（Raven Society，弗吉尼亚大学创建时间最久的荣誉组织）的主席。但是，一家报纸引用她的话说，她认为自己获得马歇尔奖学金的机会并不大，所以她决定放弃申请，直到两位教授说服了她。她听从了教授的意见，而不是依照自我理论行事，事实证明这是件好事情。

因此，有时候，我们应该接受他人对自己的评价，也要了解一些心理学研究知识。然而，可以肯定的是，这并不是揭示我们适应性潜意识本质的惟一方式。

第十章
开发潜能和改变自我

　　作家玛西亚·缪勒一直对自己很不满意，后来，她通过模仿自己创作的小说中的女主角彻底改变了自我。她说："她比我高、苗条，还比我勇敢。她四处游历，不顾安危；不管是谁，有问题就问。而大家都知道：即使是在恰当时机，只要一拨电话，我就会变得异常紧张。最后，我虽然没能长得更高，但是我成功瘦身，也变得更加勇敢和自信。在我以后的小说创作中，我更愿意积极探索未知的世界，不管安全与否；也敢于发问，不管对象是谁。最终，我宣告了自己的独立！"

在我看来，只要你努力，到时候你会发现有可能变成你自己所赞成的人；只要你从今天开始就纠正你的思想和行动，那几年以后你就已经积累起许多新的、没有污点的回忆，让你可以愉快地去回想了。

——夏洛蒂·勃朗特《简·爱》

如前章所述，观察别人对我们的反应或者阅读一些相关的心理学读物，并非发现适应性潜意识本质的惟一途径。事实上，我们自身的行为也是很好地表达自我的信息源之一。通过认真细致地观察自己的行为，我们可以更加深入地了解自我。此外，如果我们想改变适应性潜意识的某些方面，模仿我们想成为的对象是很好的第一步。

例如，作家玛西亚·缪勒（Marcia Muller）曾经创作了一个与自己迥异的女主角莎伦·麦科恩（Sharon Mcone）：

她比我高、苗条，还比我勇敢。她有工作，与她相比，我一无是处。她拥有大量令人称赞的技能，例如会射击、柔道、制作面包、修理汽车，可我只是打字速度比较快一点。她四处游历，不顾安危；不管是谁，有问题就问。而大家都知道：即使是在恰当时机，只要一拨电话，我就会变得异常紧张。

缪勒希望可以变得更像她的女主角，最终她通过刻意模仿实现了心愿——

我没能长得更高，但是我成功瘦身，也变得更加勇敢。虽然不至于佩带三八口径的手枪，用柔道制伏罪犯，可我变得更加自信。在我以后的小说创作中，我更愿意积极探索未知的世界，不管安全与否；也敢于发问，不管对象是谁。最终，我宣告了自己的独立！

苏·格拉夫顿（Sue Grafton）是著名的侦探小说家，她在小说中创造了至少在某些方面可以使自己向其看齐的虚构的理想自我。在苏·格拉夫顿创作小说之前，她是一个对自己工作不满意的小职员。她已经厌倦了平淡无奇、一成不变的生活。她说："我要改变。要改变生活，我需要自由、空气。"最终，她成功地改变了自己，生活焕然一新。这个转变是通过创造小说女主人公金西·米宏（Kinsey Milhone）来实现的。小说中的女主人公是一位傲慢、独立、世俗、喜欢吃快餐、穿牛仔的私人投资家。通过想象作品中的角色，苏·格拉夫顿发现自己很容易模仿她的行为，最终由此获得了女主角的一些特质。

但在一开始，人们如何识别适应性潜意识中自己想要改变的部分呢？侦探小说家可以创造一个主角来实现，那我们该如何改变自我呢？

第一节　观察行为，了解自我

如果想要了解我们的人格特质或者真实感觉，通过观察我们在做什么有时是有用的。就如英国著名作家 E. M. 福斯特（E.M.Forster）所说，"直到看见我说了什么，我才知道自己到底怎么想的。"

　　按照心理学家达尔丽·贝姆（Daryl Bem）的理论，观察行为的原因是了解自我的主要途径。她的自我知觉理论认为，我们可以站在旁观者的角度观察自身行为，猜测自己的感觉或特质。基于此，人们常常会记录这些行为发生的情境和状态，例如，受周围环境影响的程度和范围等。一位专职音乐师在婚礼现场演奏，我们可能会推断他是为了赚钱，并非是由于她对新郎夫妇有好感或者喜欢参加宗教仪式。贝姆认为，关键是我们要从旁观者的角度剖析自己的行为：观察行为并对行为的动机做出合理猜测。

　　这个观点有些激进。事实果真如此吗？当我们尝试判断我们的心灵和心智时，并不比从外部观察我们行为的陌生人更占优势吗？贝姆是激进行为主义理论的代表人物，该理论认为人的心灵如同黑匣子，根本不值得进行科学研究。贝姆坚持认为，被试的心灵对心理学家和被试自身来说都如同黑匣子。想要知道匣子里面有什么，只能进行经验猜测，这种猜测基于人们的行为——对心理学家来说，他们会让被试互相观察对方的行为；而对被试而言，则只需要观察自己的行为。

　　贝姆的理论引发了争论，部分原因是，该理论建立在简单内省的基础上，看似很荒谬。当我碰伤自己的脚趾头，我会马上知道，因为我感觉到了疼痛，所以并不需要通过观察我自己绕着房间上蹦下跳并哀嚎着才能证实我受伤了。当我还没有吃饭的时候，没有必要观察自己打开冰箱取出食材做了个三明治来证明我饿了。这就跟关于两个行为学家做爱的经典笑话一样。一个行为学家对另一个说："我知道这让你感觉很好，但我未必和你一样。"这个笑话的笑点在于，假设一个人无法直接体验某种感觉，例如性快感，这是很荒谬的。

　　不过贝姆也承认，在很多情况下，我们不需要观察外在行为就能直接了解到自己对疼痛、爱或者性快感的感觉。但事实上，很多时候我们并不太清楚自己的感觉，因此不得不被迫通过观察自己的外在行为来破解自己的感觉、态度和人格特质。

自我表露①还是自我建构②

尽管关于自我知觉的理论已经研究和发展了很多年，但依然有个问题悬而未决：是因为自我知觉过程归类于自我表露，所以人们通过观察行为可以更好地了解真实感觉？还是因为，自我知觉过程属于自我建构的范畴，所以人们能推断出前所未有的内在心理状态呢？

例如，当萨拉在聚会上遇到彼得（Peter）时，她并不觉得自己有多么喜欢他。从许多方面来看，彼得并不是萨拉喜欢的类型。然而，她发现自己会情不自禁地想他，当他打电话约她时，她答应了。既然已答应赴约，她发现喜欢彼得的程度超过自己的想象。这是自我知觉归类于自我表露的例子，她同意去赴彼得的约会，这一实际行为即印证了她内心深处对彼得的好感。

另一种可能是，初次见面时萨拉并不喜欢彼得。因为彼得是萨拉母亲好朋友的儿子，她妈妈觉得他俩很般配，她只是出于义务去见他。然而，萨拉并不认为这是她答应彼得约会的原因，并且她错误地认为："呃，如果答应赴约，我认为，我对彼得的好感肯定超出我的想象。"这就是自我建构的很好例子：萨拉把她行为的真实原因（取悦母亲）给忽略了，并把赴约的原因归结为她喜欢彼得的程度超乎她的想象。

从自我认知的观点来看，发现自我表露和自我建构的差异是至关重要的。如果它能揭示我们未曾意识到的感觉，那么，根据行为推知心理状态就是一种极好的策略。如果它只是促成新感觉的形成，那根据行为推知心理状态未必是良策。

如果人们可以根据行为了解动机，自我建构就会轻而易举。如果萨拉能意

① 个体口头将自己的信息（包括思想、感受和经历）表达给他人，主要用来发展和维持亲密关系。——译者注

② 从自我和他人的关系角度来理解自我的一种认知结构。——译者注

识到，她赴约是受到家庭义务感的驱使，她就不会误认为自己喜欢彼得已超出想象。然而，正如我们所见，人们往往并不善于准确把握自己的行为动机，所以经常会犯此类错误。

实际上，基于自我表露理论的实验也几乎都是自我建构的例子，因此许多人误解了他们真实行为的动机，并对内心状态做出错误推断。很多被试像萨拉一样，由于她们的内心感觉或态度，而低估了行为的情境因素，以至于对自己的行为做出了错误判断。例如，去年在耶鲁大学（Yale University）所进行的一项研究中，学生们一致赞同深入街头巷尾，为减少纽黑文市（New Haven）废气排放的请愿书收集签名。假设存在这样一种情况，参与请愿的学生们听说随同的一位实验人员也同意这次请愿，他还发表评论说，他这样做是因为"他不介意说服人们相信他所相信的"。如果确实存在这种情况，学生们会通过这个事实——他们自己也同意收集签名——了解自我吗？

事实上，是因为这个请愿很具说服力且难以推辞，所以许多人才同意签名，正如许多事实所证实的那样，许多学生都赞同主动参与而不是"他强迫我参加的"，因而人们错误地断言，这些人的行为是他们内心的真实反映。换句话说，这是自我建构，人们通常会忽略情境对他们行为的影响，并错误地推断他们的内心——我们将这一普遍现象称之为"基本归因谬误"[①]。

在绝大多数基本归因谬误的实验中，情境的影响非常微妙（例如，实验人员施压使我们信服，从而有合理理由去索取签名）且容易忽略。倘若情境会产生明显的阻碍或激励影响，那又会如何？若是这样，人们会准确意识到自己的行为受情境的影响较大，从而阻止自己去建构内心状态。如果上司要求我们向他女儿所属的女童子军购买饼干，并话里有话地暗示，下一次加薪将跟这件事挂钩，那么，在上司的施压下，我们很可能一次性购买十箱薄荷饼干，而不管

---

① 美国心理学家罗斯在 1977 年提出基本归因谬误，认为一般人在解释他人行为的时候，倾向于采用性格归因，而忽略情境因素。例如，父母会把孩子考试考不好归因于孩子的不用功，而忘了考虑是否试题太难，或是考试当天有外在的干扰使得孩子的心情浮躁等因素。——译者注

这是否是最好的慈善选择，以及我们是否喜欢吃这种饼干。

但如果情境影响非常显著，人们又会犯另外一种自我建构的基本归因谬误：他们过度重视情境对行动和态度的影响，而低估了自己对行为的强烈意愿。假若比尔特别喜欢弹吉他，并且花了不少时间进行练习。如果他弹吉他还受情境的强烈驱使，例如，在婚礼上弹奏吉他可以赚取丰厚的报酬，那又会发生什么呢？可以看到，比尔会更加享受这种表演，因为他现在演奏受两个动机驱使——赚钱以及对吉他的热爱。

许多研究都揭示了类似的事实：人们通常高估了情境对他们行为的影响，却低估了对某活动的内在兴趣。比尔的职业演奏机会越多，他也就越享受不到弹吉他的乐趣，因为他把喜欢弹吉他归因于挣钱上，而非自身对弹吉他的热爱。这是另一种自我建构的形式：由于强烈的情境刺激或要求，从而低估了自身对这一活动的内在兴趣。

最后一个关于自我建构的例子是，人们的行为看似可能会导致不止一种内心状态。试想，人们发现自己产生了强烈的生理反应，心跳加速、呼吸急促。他们对此作何解释，这将决定其情绪反应。如果有人拿枪顶着他们的脑门说"交出你们的钱包"，那么他们会将此情境下的生理反应归因于恐惧。然而，对于生理反应，通常会有多种解释。例如，与一位帅哥或美女第一次约会，有惊无险地躲过一次车祸。那么，此情境下的生理反应主要源于对死亡的恐惧，还是约会的吸引力呢？

另外，人们若能在生理唤起的情况下很好地归因自己的反应，问题就会迎刃而解。他们可能会说，"我手心冒汗，心跳加速，呼吸急促，61%是因为差点被车撞，39%才是约会对我的吸引力"。相反，人们通常会错误地归因自己的生理反应，并最终自我建构一种感觉。例如，人们或许会低估他们差点被车撞的危险，并认定自己对赴约有着超乎寻常的渴望。

自我建构的例子很常见，从这个意义上来看，通过观察行为去推断感觉的自我知觉过程并非自我认知的好途径。人们误解了他们之所以这样或那样回应的原因，例如，错误推断我们比想象中更喜欢或更不喜欢弹吉他。

然而，有时我们也会产生自己没有意识到的感觉，自我知觉过程也有可能揭示这些感觉。想想上一章所举的例子，人们对少数种群存有偏见，但他们深信自己无任何偏见。想想《卖花女》里的希金斯，他无法看透自我，在他有文化、有教养、公正无私的英国绅士外表下，其实潜藏着粗鲁、歧视女性的内心。如果人们能细心观察自己的行为，将会变得更加明智。如果一个老板喜欢解雇一些合格的非裔美国人，找一些借口雇用工作不合格的白人，那么他一定会质疑自己是否有种族偏见。我们也应该建议希金斯多留意自己对待伊莱莎和皮尔斯太太的态度；如果我的朋友苏珊注意到自己经常找借口，不愿意在周末和斯蒂芬见面，也会更快明白她并不爱斯蒂芬。

谁在推断

有一个更为复杂的问题：精神的哪个层面会参与到自我知觉过程，通过行为来推断我们的感觉？在上面的例子中，我假设人们能够自觉地观察自己的行为来推断内心的真实感觉。尽管我们确实可以这样做，但适应性潜意识也可能在我们知情的情况下从我们的行为中做出推断。事实上，适应性潜意识的主要任务之一就是对自我和社会世界的本质做出推断。

之前我们在沙赫特与惠勒的研究中看到过这种无意识推断的范例，被试在注射肾上腺素后观看电影（参见第六章）。在不知情的情况下被注射肾上腺素的被试，发现自己在看电影的时候心跳加速、掌心冒汗，当结果显示他们比没有注射肾上腺素的被试更容易发笑时，他们会把这些激烈反应或多或少归因于影片太好笑了。然而，这些推断似乎都是不自觉形成的。因为询问影片的有趣程度时，两组被试的陈述并无显著差异，这说明他们是凭借意识对自己喜欢的喜剧片类型做评断的。正如有人说："我也搞不清楚为什么在观看电影的时候会笑得前仰后翻？平时我很讨厌杰克·卡森这种类型的闹剧电影。我刚才就是根据这个填写的问卷。"换言之，适应性潜意识是根据被试的生理反应来推断影片的搞笑程度，以及观看影片时被试是微笑的时候多还是大笑的时候多；反之，在意识层面进行推断，则会得出相反的结论。

我们很难控制无意识对自己做出的推断，因此，从意识层面尝试进行自我知觉不失为良策。这样，人们有意识的自我叙事可能会更好地适应发生于无意识层面的改变，例如，他们会发现什么样的电影更有趣，他们可能更喜欢哪个演员，以及在什么样的情况下感觉更舒服。我并不是说，人们要保持自我警惕，以便对自我叙事的准确性不断提出质疑。然而，当面临重要抉择时——例如，是否结婚或生子——人们会明智地成为自己的敏锐观察者，而不是进行徒劳的自省，正如第八章所讨论的。

还记得前面章节所讨论的那个只知道自己害羞却发现不了其他优点的麦克吗？要是他多注意观察，会发现自己的行为其实非常外向。通过以上观察，他可能就会意识到原来关于自己害羞的想法已经成为过去式，必须修正这种观点，才能和适应性潜意识相吻合。人们意识层面的自我描述通常过于消极或有局限性，如果人们愿意修正这些故事，使其更符合无意识的特质、能力和感觉，这样对自己就更有利。不过，较常见的是，大部分人在意识层面的自我看法太过积极，虽然维持积极的幻觉可能会使自己免遭精神性痛苦，但是如果想要自我成长或者自我完善，就必须清楚自己的种族偏见可能比想象中严重，或者像希金斯一样，能够意识到自己并非那么仁慈。

第二节　行善方能成善

如果人们对自我的认识过于积极，可能不愿意修正他们意识层面的故事以符合消极的潜意识状态。这时，最好的办法可能是，改变自己的潜意识状态以符合比较积极的自我描述。例如，在意识层面对其他社会族群一视同仁但在无意识层面怀有偏见的人，却不愿意修正意识层面的自我认知来符合无意识状态；

他们宁愿反其道而行，改变他们的无意识状态，修正他们的态度从而符合意识层面一视同仁的态度。同样，如果希金斯意识到他的自大、目中无人，也许他会改变得更好。

那么该如何做呢？认识自己的无意识并非易事，改变就更难。亚里士多德曾说过："我们通过将所想付诸实践从而获得美德，通过练习提高行动能力，通过实践自我控制提高自我控制能力，通过勇气实践获得勇气"。威廉姆·詹姆斯也有类似的建议："在做决定时，要抓住每一次机会去行动，这样就能提高我们做决定的能力，而每一次情绪刺激，你都有可能体验到理想中的行为习惯。"换句话说，从改变行为开始，迈出改变我们无意识倾向的第一步。那些在无意识层面认为自己可能受到歧视的人，通常会尽最大努力做出不会受到歧视的行为。这样做将导致两种结果：第一，它为人们提供从他人行为推断自我内心的机会，客观地讲，根据前文所讨论的自我认知可以知道，他们都是无任何偏见的人。也就是说，这为我们提供了一种透过新的"数据"推断他们态度和感觉的恰当方法。

另一方面，正如威廉姆·詹姆斯所说的那样，如果人们越是努力和有意识地表现一种行为，那么，他就越能将这种行为习惯化，最终变为一种自觉行为。在社会心理学中，经久不衰的例证是，行为的改变通常早于态度和感觉的改变。改变自我行为以匹配我们意识中的想法，这对改变我们的适应性潜意识来说，不失为一种好方法。

但是，将适应性潜意识塑造为意识的自我概念，这种尝试为何要停止？因为有的时候，人们对自己在某些方面所拥有的意识与无意识的感觉或特质并不满足。他们的目标并不是某方面的自我认知，而是更多地将意识中的认知带到无意识中去，让自我随之提高和改变。"从改变行为开始"这一策略可能会发挥作用，使人们的意识叙事以及适应性潜意识发生预期改变。总之，如果我们要变成一个更好的人，我们就应该谨遵"行善方能成善"的原则。采用能关心和帮助他人的方式行事，我们也会把自己看成一个乐于助人以及关心他人的人。

如今，这听起来过于简单化了。人们并非通过一种行为就能变成圣人。那些不喜欢自己同伴的人，不会通过一个小小的行为就喜欢上他们。一个极端害羞的人，也不会因为突然决定和几个陌生人聊天就能成为某个派对的中心人物。然而，我们都低估了通过改变行为来改变感觉和特质的这种能力。

例如，我一直认为自己有点内向，自己的意识认知是正确的，我的无意识特质和倾向都属于害羞的类型。过去我总希望在大型聚会中表现得自然一点，几年前我决定解决这一问题，因此我尽最大努力与人交流，例如，在聚会上和从未谋面的人交谈，而不只是和我的朋友交谈，也不再只是紧贴着自助餐台一个劲地吃东西。类似的情况做得越多，我就越感到舒服自然。尽管我不太会像我妻子那样，何时何地都能与人自在地交谈并且吸引他人的注意，但通过多次实践，我觉得自己变得比以前更外向了。

当然，这些改变有些仅仅是因为我的实践。我越努力和别人聊天，在聊天中就越表现得轻车熟路。这同样适用于我的教学生涯。当第一次面对几百个人进行大型讲座时，我紧张得快要崩溃了。后来慢慢地学会了如何演讲而不至于舌头打结。多年教学之后，大班课甚至成为我的最爱。我所拥有的技巧虽不会让我成为这一场合的焦点，但绝对比之前要好很多。

自觉改变行为的好处，不只是给予我们运用新行为方式的经历，还促发了新的自我定义。我发现自己在聚会派对上能与新朋友自如地聊天、能自然舒适地开展大型讲座，我对自我看法的改变也因此越来越多。这种改变在无意识和意识水平上都有可能发生，所以我的适应性潜意识也更可能据此推断出我是一个外向的人，这种推断将进一步成为我的意识自我叙事的一部分。自我定义改变越多，自动地外向行事而非强迫自己努力变得外向也就变得越容易。自动化自我会产生自动化行为。一个焕然一新的、外向的威尔逊会取得控制权，并引导我朝着前所未有的方向试探前行，例如，在飞机上和邻座亲切交流，而不是埋头读书。

自觉改变行为从而改变自我概念的做法，有助于解决许多重大问题。例如，匿名戒酒互助会（Alcoholics Anonymous）的信条之一便是"在你能做到之前，一直假装你能做到"，因为一个对酒精有瘾的人似乎很难戒酒，并且很难克服自己对酒精的依赖，所以"假装一开始你已经戒酒"这一招通常是有用的。虽然，对于一个嗜酒的人，停止喝酒并不是一个戒酒的好方法，然而，行为上的小改变能促使自我概念的小改变，从而更容易改变下一个行为。

这一策略也能用来治疗患有慢性抑郁症的人。许多疗法对抑郁症都有用，包括抗抑郁药物以及几种心理疗法。心理治疗师特伦斯·瑞尔（Terrence Real）指出，这些疗法起效的一个关键是"行为优先，思想感受紧随其后"，对男性患者而言尤其是这样，因为那些患抑郁症的男性通常被孤立于社交之外并对社会缺乏亲切感，所以对他们来说，参加更多的社交活动而非自我封闭可以有效治疗抑郁症。正如瑞尔建议的那样，"去洗盘子，帮助孩子们完成家庭作业"，因为朝着这个方向的不懈努力可以帮助人们建立社交圈并改变他们的自我定义。

另一个例子是，思考一下采取何种措施能够降低美国青少年的怀孕率。如果你的观点和本领域的其他研究者一样，那么你将会从正面提出解决方案，例如，通过教育让青少年男女节欲，并对他们进行生育控制的观念教育，或者放宽避孕药的购买渠道。类似的措施已经实行多年，并且达到了降低怀孕率的目的。

然而，相较于试图直接改变青少年的性行为，更应该尝试改变他们的自我概念。如果我们能找到一个方法，使他们感觉自己和所在的社区密切相关，对自己的能力更有自信，觉得自己更像大人，他们可能就会避免危险的性行为，同时也能帮助他们避免早孕之后的自我伤害行为，比如辍学等。

这些听起来都很动听、很可行，但是如何让青少年改变对自己的认识呢？通过大规模的外力介入，改变他们的人格和自我认知，似乎是一项难以完成的任务。其实，答案是一目了然的，首先改变这些青少年的行为习惯，使他们以一种更能胜任、更成人化的方式做事，这样，他们的自我认知将会和行为一起改变。

美国的国家项目"青少年拓展互助会"（Teen Outreach）也采用这种方法。尽管这一项目是多层面的，包括课堂讨论和特邀嘉宾演讲等，但其核心部分在于让青少年参加自己选择的志愿者工作。我们并没有试图直接地对青少进行年怀孕和避孕教育，相反，而是让九年级到十二年级的学生做志愿者，例如在医院或养老院里工作，或者是作为同龄人的导师去帮助同龄人。采用这些方式的成果都是卓著非凡的。在一项大规模的研究中，青少年都以随机方式加入"青少年拓展互助会"或控制组，研究发现，参加青少年拓展互助会的青少年功课不及格或辍学的人数都少于控制组，如果是女生，怀孕的几率也会降低。

毫无疑问，这些介入手段的成功是因为多方面的原因。例如，通过锻炼使他们获得社交技能，从别人身上获得积极正面的反馈，并且和扮演导师角色的成年人的社交圈产生联系。不过，我认为另一个重要方面是，参与志愿者工作会促进志愿者自我形象的改变。过去习惯将自己视为被人孤立、没有大作为的青少年，在社区团体的舞台下，开始变得关心他人、有用且能干，而怀孕或退学等形象显然与这种自我意识格格不入。

"行善方能成善"的原则是心理学所提供的一项极为重要的经验，如果你不喜欢自己或者感觉沮丧，以积极、正面的方式改变行为会有很大的帮助。行为改变起来非常困难，尤其当你在克服成瘾行为（例如戒烟），或者改变一种产生满足感的行为（例如吃东西）时。但是当我们害羞时，通常会表现出一种更外向的行为，例如，在悲伤的时候表现得很快乐，在无情的时候则表现得很仁慈。艾米利·波斯特（Emily Post）深知这一简单的道理，所以，他在1922年的礼仪手册上写道："实际上，每一个受欢迎的女孩都应该学习了解自己的潜意识！"最好的建议是追随心理学所讲的知觉，并让女孩们相信自己内心确实存在快乐。如果她能拥有"我是快乐的"这一想法并看似很快乐，那么心理学产生的效果将是令人震惊的。

在一本关于自我认知的书中，建议人们多做一些改变行为的尝试，少一些内省，这看起来似乎很奇怪。然而，为了形成一种令人满意的、功能性的自我叙事，并建立一种习惯性的、无意识反应的理想模型，最好的建议就是练习、练习、再练习。

第三节　学会判断自我认知的对与错

但是，什么样的自我叙事是令人满意的、功能化的且具有适应性的呢？准确性是其最显然的标准：相信自己是匈奴王阿提拉（Attila the Hun）的化身或者从高楼跳下就会飞，这些并非人们的优势。尽管如此，"每个人的人生以及遭遇的困难都有一个真实性描述"这一现代主义假设已被大多数叙事理论家所拒绝。确实，"叙事"这一术语的使用，意味着描述一个人的故事可以有许多方法，而不是只有一种必须在实现积极的自我改变之前加以发掘的历史真相。

尽管许多叙事理论家都强调说故事的真相并不重要，但我认为他们的真实想法并非这样。例如，想象一下，我们将精神医师、认知理疗师以及行为理疗师聚在一起，他们都同意这一基本叙事隐喻（故事的真相并不重要），并将他们各自的治疗看做是帮助他们的患者采用更具适应性的自我描述的一个方法。我们可能会问："叙事的真实性并没那么重要，最重要的是要找出有用的、具有适应性的故事从而减轻他们的痛苦，你们也认同这种观点吗？"这符合叙事传统，在座的三位治疗师都点头表示认可。然后我们会问："你们的意思是，其他治疗师的患者所采纳的故事与你们自己的患者所采纳的故事一样好，对吗？"三位治疗师开始感觉到坐立难安。我们接着问道："换句话说，精神分析式的故事与行为主义或认知主义式的故事一样好，你们每个人运用其他学派的故事都可以取得很好的效果，对吗？""稍等片刻"，治疗师们回答道："当我们说一种叙事和另一种叙事一样好时，不会说得那么绝对。"

当然，折中主义的治疗师认同不同的叙事都会发挥效用。然而，许多心理学家甚至是那些支持叙事隐喻（故事的真相并不重要）的心理学家，却相信一些叙事要比其他叙事更真实，采用有依据的自我叙事［例如弗洛伊德学派、克莱因学派（Kleinian）、皮亚杰学派（Rogerian）、斯金纳学派（Skinnerian）等］对患者比较有益。但是，从我们先前对心理治疗结果的讨论来看，这一假设是令人质疑的。患者固然可以通过采用心理治疗师的故事而受益，但是，这些故事的内容从根本上来说是有差异的。

后现代主义的观点或许能够给出答案，即通过准确性和历史真相判断自我叙事是毫无意义的。根据这一观点，其实不存在"真实的自我"。在现代社会，人们生活在各种社会力量多重对立交叉的背景下，他们针对特定社会关系和文化背景建构了很多叙事，所以，判断其中一种叙事比其他叙事"更真实"显得毫无意义。

后现代主义的观点有助于强调文化、社会对自我建构的影响，以及面对不同情境时，人们能在多大程度上呈现出不同人格。但是，如果真实性不是判断叙事的恰当标准，那么标准是什么？即使在特定的社会和文化情境中，有些叙事也比其他叙事更具适应性，而另一些则没有适应性，比如，绝大多数的后现代主义者都认为，抑郁而有自杀倾向的人或者疏离同龄学生、反社会且持枪上学的高中生，他们的自我认知都不具有适应性。

然而，若没有准确性作参考，单纯界定合理性就显得很牵强，关于心理治疗的很多后现代主义观点都陷入这一怪圈。例如，肯尼·格根（Kenneth Gergen）和约翰·凯（John Kaye）指出，许多后现代主义的解释都试图避开准确性的标准，认为心理治疗的目标在于"对个人的再塑造，开辟新的行为之路，从而使个人的行为更令人满意且与个人的经历、能力、偏好足够匹配。"但是，他们所说的一种叙事应该"匹配于"某个人的"能力和偏好"就是运用了准确性这一标准。"能力"和"偏好"是叙事中最易理解的人格的一个持久性方面，除此之外，还能是什么？

格根和凯试图通过对叙事的效应进行不同定义来避开这一怪圈，换言之，叙事存在于特定的"语言游戏中，一种或多种文化舞蹈中"，只能在"特定的游戏或者舞蹈的范围内"加以判断。他们认为，"叙事的效应源于其在这些范围内的成功运用——用适用性回应先前行为，或者用适用性诱导随后行为。"

显而易见，后现代主义者对真实性标准的否决言过其实。只要我们能明确叙事的应有面目，那么，叙事应具有真实性就显得很有意义。该问题之所以混淆不清，主要是因为不了解这项标准应该是什么。

在某种意义上，自我描述应该简单且具有准确性：它们应该理解人们无意识目标、感觉和特质的本质。简言之，自我描述与人们的适应性潜意识之间必须有一致之处。正如我们所见，人们意识层面的自我概念若能协调一致——很好地呈现其无意识动机——人们的情绪状况就会显得良好。约阿希姆·布伦斯坦、奥利弗·舒尔特海斯、鲁斯·格拉斯曼（Ruth Grässmann）对被试的外显目标（这些目标都包含在有意识的自我叙事中）以及内显目标（这些目标是适应性潜意识的一部分）进行测量，结果显示，意识和无意识目标相一致的人，比意识和无意识目标不一致的人要快乐得多。

与许多自传一样，讲述故事（叙事）可以有多种方式。然而，一部好的传记既要说明人物的真实一生，又要捕获他们内心的目标和特质。越好的传记，内容越能涵盖适应性潜意识中的"数据"，对主人公的刻画就越真实。通过明确自己的无意识目标，人们可以很好地定位并采取行动实现目标，或者尝试改变目标。

我们主张，人们有意识的信念应该与潜意识的目标和内驱力相匹配，这似乎使我们转了一大圈又回到了弗洛伊德的观点上。这难道就等于说，心理治疗的目的在于将潜意识意识化？从某种意义上来说确实如此。然而，现在我们应该清楚的是，在叙事中应该掌握的潜意识的本质与弗洛伊德学派所说的潜意识有着显著差异。我们无法直接探知适应性潜意识，要想对适应性潜意识进行推断，必须成为一名优秀的自传者（也许需要资深治疗师的协助），而不是通过消除压抑来窥视"咕嘟咕嘟冒泡的锅底"（意指适应性潜意识）。

更进一步说，具有准确性的叙事之间也存在显著差异，正如科学会采用不同范式并从不同角度解释相同事实一样。这也是不同流派的心理治疗可以同样有效的内在原因：精神分析"故事"和认知疗法"故事"都可以明确解释，为什么一个人很难建立人际关系或者会感觉情绪沮丧。这两种"故事"都可以描述人们的适应性潜意识，即使是使用不同的语言。

好的叙事的另外一项定义是：它符合"平静内心"准则或者处于某种层面，在此层面上，人们能够拥有自己的故事用来阻止自己对自我进行过多的思考。缺乏连贯的叙事，的确是一种使人情绪不安的经历，正如琼·迪迪翁在《白色纪念册》中的叹息：

我本来应该有一个脚本，却不知道放哪了；我本来可以听到暗示，却错过了它；我本来应该知道所有的情节，但是我只记得眼前所看到的：以多变顺序快闪的照片，临时安排的没有任何意义的影像，这不是一部完整的视频，只是一个剪辑的片段……其中一些影像毫不符合我所知道的任何叙事情节。

如果一种经历能通过连贯一致的解释并融入人生故事中，那么人们也就不再过多地想它。如果这个经历是积极的，那未必是好事，因为这一经历无法如我们期望的那样带来愉悦感；如果这个经历会带来伤痛，那未必是坏事，因为反思以及心理压抑统统会被一种无需深入说明的、连贯一致的故事所取代。这也许就是我们在第八章中所讨论的彭尼贝克的写作练习之所以如此有效的原因。人们修正自己的故事以解释还未完全融入的消极事件，使自己避免对消极事件的过度反思，从而继续向前生活。若能从失去挚爱的事件中找到意义，例如，相信死亡是上帝的意愿，或者认为死亡是生命自然循环的一部分，就能比无法从失去中找到意义的人恢复得更快。

有些心理治疗师同意这一观点，他们认为，当患者不再过多思考自己的时候，便是心理治疗将要结束的时候，因为传记已经完成，不再需要进一步修订，也不再需要继续治疗和反思。

最后，人们应该追求一种可信的标准。为了获得内心的平静，自传作者必须相信自己讲述的故事。如果人们认为自己的人生经历是任意建构的，每一段经历都是同样好的，那么他们就很难符合"平静内心"这一标准。经常质疑和修改自传(特别是关于负面的人生经历)的那些人，很有可能一直沉浸在这种经历中。如果他们将人生目标视为可以任意涂改的随意化叙事的终点，他们也不太可能设立并追求这些目标。

即使是弗洛伊德本人，在他职业生涯后期也采纳了这一观点。他声称："坚信所建构的事实……将相同的治疗效果看作是一种可重复体验的记忆。"所以重要的是，人们能使自己致力于一种可以与其适应性潜意识很好吻合的连贯性自我叙事。

在瞬息万变的后现代社会，这样的叙事也许包含着对自我的归类或认知，比如，认为我们在作为"女儿"、"周末运动员"或者"猫王模仿秀演员"的多重身份之间有很大的不同。人们不应该太执着于一种自我，而应注意到他们很多信念中的文化与社会专断性。同时，他们应该维持一种自我连续性的感觉。据说，有很多人都在追求一种连贯的自我叙事。

当然，自我叙事也有可能变得死板并抗拒改变。传记也可以很快完成，但却不能很好地表现出适应性潜意识。即便是优秀的传记，随着个人的成长与改变，也需要做出修正。尽管如此，只要一部自传符合真实性、"平静内心"、可信等标准，那么就是非常有用的，因为这正好避开了过多的自我反省。想一想著名社会心理学家罗伯特·扎乔克（Robert Zajonc）的话，他说他从来没有真正明白自我心理学的内涵。他曾经说过："我从不会这样思考自我，我可能会考虑我的日程表、我的责任、我的会议，但我并不会花太多的时间去思考'我是谁'。"他也许意识到了什么——好的自我叙事不需要一再重复。

如果我们对自我概念感到不满意，可以采取措施改变我们的故事和适应性潜意识。但这并非易事，很少有人具有小说家玛西亚·缪勒和苏·格拉夫顿这样的才能与毅力，能把自己打造成自己小说中塑造的英雄人物形象。然而，不积跬步，无以至千里，只要愿意尝试，我们每个人都有能力成就理想的自我。

好书推荐

基本信息

书名:《妙趣横生的心理学》(第 2 版)

作者:【美】塔尼亚·伦诺 & 罗伯特·S·费尔德曼

定价: 99.00 元

书号: 978-7-115-30967-9

出版社: 人民邮电出版社

出版日期: 2013 年 5 月

推荐理由

★ 国内第一本全彩心理学"杂志书",大 16 开印刷,图文并茂、通俗易懂。

★ 北京师范大学心理学院院长许艳教授亲自审校并作序推荐。

★ 美国心理学、会美国加州大学、美国夏威夷大学、美国马赛诸塞州立大学、北京师范大学心理学通识课推荐用书。

媒体评论

一本好书,让人在开卷时悦然、肃然;在阅读时知其然,也知其所以然;在合上时了然,并深以为然。《妙趣横生的心理学》是一本写给渴望了解或学习心理学的朋友们的好书!

北京师范大学心理学院院长　许艳

我买了许多心理学方面的书,相比之下,这本是最赞的! 杂志书的版块式设计,却以科学的体系系统梳理了心理学基础知识,希望还有更多的类似心理学读物继续出版,我一定会继续买!

当当网读者　小书柜

啥都不说了,强推! 如封面介绍的一样——全彩心理学"杂志书"。内容包含普通心理学、生理心理学、发展心理学、健康心理学、心理障碍与治疗、社会心理学。不管是专业人士还是心理学爱好者,都可以愉快地进行阅读。每个章节之后还有笔记和自测题,配图清晰,在专业理论中穿插着生活实例,编者还附加了许多电影中的心理学及适宜的设问,供读者学习思考。值得国内的心理学教材借鉴!

当当网读者　雨色天使

编辑电话:010-81055679　读者热线:010-81055656　010-81055657